1+X职业技能等级证书培训考核配套教材

机械产品三维模型设计（高级）

广州中望龙腾软件股份有限公司　组编

主　编　许朝山　高显宏　朱跃峰
副主编　肖　珑　闫　波　陈亚梅　刘　江
参　编　吴炳晖　程　丹　刘晓朋　杨　刚

机械工业出版社

本书对接企业岗位需求，注重理实结合，配套资源丰富，上衔企业岗位技能需求，下接国家教学标准，聚焦书证衔接融通，形成新型知识结构。本书共 5 个模块，内容包括机械零件的参数化设计、机械产品的参数化设计、机械产品数字模型工程图设计、有限元力学分析、模型仿真验证。本书以任务驱动为导向，充分应用信息技术，配置立体化、数字化的教学资源。为方便自学，本书各学习任务均配有操作视频，学习过程中可扫描二维码观看。为方便教学，本书配有实例素材源文件、课内实施习题答案、电子课件（PPT 格式）等，凡使用本书作为教材的教师可登录机械工业出版社教育服务网（http://www.cmpedu.com），注册后免费下载。

本书可以作为职业院校 1+X 证书制度中的机械产品三维模型设计职业技能等级证书（高级）"岗课赛证"融通教材，供机电类专业师生选用，也可以作为企业人员等参加相关培训的配套教材和资料。

图书在版编目（CIP）数据

机械产品三维模型设计：高级 / 许朝山，高显宏，朱跃峰主编. -- 北京：机械工业出版社，2025. 7.
（1+X 职业技能等级证书培训考核配套教材）. -- ISBN 978-7-111-78173-8

Ⅰ. TH122

中国国家版本馆 CIP 数据核字第 2025AD9962 号

机械工业出版社（北京市百万庄大街 22 号　邮政编码 100037）
策划编辑：王英杰　　　　　　责任编辑：王英杰　赵文婕
责任校对：蔡健伟　李　婷　　封面设计：鞠　杨
责任印制：张　博
固安县铭成印刷有限公司印刷
2025 年 7 月第 1 版第 1 次印刷
210mm×285mm · 11 印张 · 331 千字
标准书号：ISBN 978-7-111-78173-8
定价：42.00 元

电话服务　　　　　　　　　网络服务
客服电话：010-88361066　　机 工 官 网：www.cmpbook.com
　　　　　010-88379833　　机 工 官 博：weibo.com/cmp1952
　　　　　010-68326294　　金 书 网：www.golden-book.com
封底无防伪标均为盗版　机工教育服务网：www.cmpedu.com

前　言

《国家职业教育改革实施方案》中明确提出，在职业院校、应用型本科高校启动"学历证书+若干职业技能等级证书"制度试点工作。实施1+X证书制度，是促进技术技能人才育训模式和评价制度改革、提高人才培养质量的重要举措，是拓展就业创业本领、缓解就业结构性矛盾的重要途径，对于构建国家资历框架、推进教育现代化、建设人力资源强国具有重要意义。

广州中望龙腾软件股份有限公司作为评价组织实施的《机械产品三维模型设计职业技能等级标准》应时而生。依据《关于在院校实施"学历证书+若干职业技能等级证书"制度试点方案》等文件的相关要求，充分依据产业变革、企业转型升级对机械产品数字化设计领域技能要求的新变化，对接职业标准和专业教学标准等，以机械产品数字化设计技术为主线，编写团队总结1+X证书制度试点工作经验，贯彻落实职业教育高质量发展要求，组织编写配套教材，不断推进数字化设计领域相关专业人才培养创新，共同服务企业数字化转型升级。

本书以《机械产品三维模型设计职业技能等级标准（高级）》要求为开发依据，主要内容包括机械零件的参数化设计、机械产品的参数化设计、机械产品数字模型工程图设计、有限元力学分析、模型仿真验证。本书从企业的生产实际出发，经过广泛调研，为机械产品的数字化设计岗位提供完整的工作过程。

本书由许朝山、高显宏、朱跃峰任主编，肖珑、闫波、陈亚梅、刘江任副主编，吴炳晖、程丹、刘晓朋、杨刚参与编写。其中，常州机电职业技术学院许朝山编写学习任务1.1和1.2，辽宁省交通高等专科学校高显宏编写学习任务1.3，常州工业职业技术学院陈亚梅编写学习任务1.4和模块2，河南轻工职业学院程丹编写模块3，上海电力大学吴炳晖编写模块4，上海电子信息职业技术学院刘晓朋编写学习任务5.1，贵州航空职业技术学院杨刚编写学习任务5.2，开封大学朱跃峰和河南职业技术学院肖珑编写样卷（一），山西机电职业技术学院闫波和常州机电职业技术学院刘江编写样卷（二）。全书由许朝山、高显宏统稿。在本书编写过程中，广州中望龙腾软件股份有限公司吴道吉、张大鹏、兰文强、付康、苏昌盛、胡磊磊、张姗、曾宪杰、郝清琪、熊艺、黎江龙提供技术支持。

由于编者水平有限，书中不足之处在所难免，恳请读者批评指正。

编　者

目　　录

模块1

机械零件的参数化设计

教 学 导 航

【教学目标】

- 掌握机械零件参数化建模方法，能正确分析零件的结构特征和尺寸关系。
- 掌握方程式管理器、表达式变量等命令的使用方法，会利用方程式管理器、表达式变量命令建立合理的参数关系。
- 掌握圆柱折弯、拉伸平钣、全凸缘、局部凸缘等特征的应用，会利用这些特征进行钣金件建模。
- 掌握配置表、条件抑制等特征的应用，会利用这些命令正确配置系列化零件模型，表达零件在不同环境或不同工作状态下的模型。

【知识重点】

- 零件的结构特征和尺寸关系分析。
- 表达式变量建立。
- 钣金件建模。
- 配置表、条件抑制的应用。

【知识难点】

- 能正确分析零件的结构和尺寸关系。
- 建立合适的表达式变量。
- 建模过程中相关设计规范及标准的应用。
- 模型参数化管理意识的培养。

【教学方法】

- 线上线下相结合，采用任务驱动模式。

【建议学时】

- 6~10学时。

【项目介绍】

利用直齿圆柱齿轮、弹簧卡箍、汽车弹簧、减速器箱体端盖四个常见典型零件建模，配置参数化驱动模型；学习中望3D软件的参数化建模功能，掌握典型机械零件和装配体的参数化设计流程；能够正确分析零件的基本结构和尺寸间相互关系；采用高效且正确的方法和流程进行零件建模、产品系列化模型的配置，培养独立思考、严谨细致、不断进取的专业素养。

学习任务1.1 直齿圆柱齿轮参数化设计

【任务描述】

齿轮传动具有传动效率高、传动比准确、结构紧凑、工作可靠等优点，是机械中最重要的传动形式之一。本学习任务主要利用表达式变量对直齿圆柱齿轮进行参数化设计。齿轮零件图如图1-1所示。通过此学习任务，培养学生分析零件的结构特征、正确设置零件的结构特征和尺寸关系，能够应用中望3D软件中的方程式管理器等工具进行机械零件参数化建模。

【知识点】

- 方程式管理器。
- 利用表达式变量建模。
- 方程式曲线。

【技能点】

- 能正确分析零件的结构特征，建立零件结构特征和尺寸关系。
- 能根据零件尺寸参数关系，建立适当的方程式变量。
- 能根据方程式变量进行参数化设计。

【素养目标】

培养学生利用表达式变量驱动参数化设计的能力，同时养成遵守国家标准的职业素养，具备严谨、认真、精益求精的工匠精神。

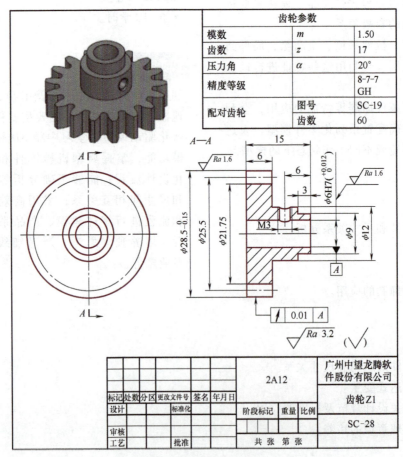

齿轮参数		
模数	m	1.50
齿数	z	17
压力角	α	20°
精度等级		8-7-7 GH
配对齿轮	图号	SC-19
	齿数	60

图 1-1 齿轮零件图

【课前预习】

1. 参数化设计

产品设计是制造业的核心环节之一，随着产品创新速度的加快，三维（3D）设计软件快速发展，产品参数化设计需求越来越广泛，设计软件的操作也更加快速、灵活和易于上手。

参数化设计是随着约束的概念引入 CAD 技术而出现的，常采用尺寸驱动的形式实现，是指对零件上各种特征施加各种约束形式，各个特征的几何形状与尺寸大小用变量的方式表示，这个变量可以是常数，也可以是某种代数式。如果定义某个特征的变量发生了改变，则零件的这个特征的几何形状或尺寸大小将随着参数的改变而改变，随之刷新该特征及其相关联的各个特征，而不需要重新绘图设计。

采用基于尺寸驱动的设计方法，修改产品某些特征尺寸和几何形状等初始条件，就可以得到对应的产品规格系列，从而实现产品开发和设计过程的自动化。

利用中望 3D 设计系统，设计人员可根据工程关系和几何关系指定设计要求。要满足这些设计要求，不仅需要考虑尺寸大小或工程参数的初始值，而且要在每次改变设计参数时维护这些基本关系。一般将参数分为两类：一是各种尺寸值，称为可变参数，又称尺寸约束参数；二是几何元素间的各种连续几何信息，称为不变参数，又称几何约束参数。

尺寸约束是确定几何元素的大小及彼此间相对位置的约束，是可变的，如长、宽、高、半径、夹角等；几何约束是指几何元素拓扑结构的约束，是不可变的，如垂直、平行、相切、同心等约束。

通常对约束有以下基本要求。

（1）约束的一致性　能够检查不一致的约束，如过约束或欠约束。

（2）约束求解的可靠性　约束求解必须是稳定的，对于一致的约束能给出一致的解。

（3）约束定义的交互性　允许在设计过程中增加、修改和删除约束。

参数化设计的方法主要有程序参数化设计和交互参数化设计两种模式。

程序参数化设计是以图形的坐标值为变量，用一组参数确定图形的尺寸关系，根据图形顶点的连接关系，可方便地确定变量和尺寸约束参数之间的数学关系。其实质是把图形信息记录在程序中，用一组变量定义尺寸约束参数，用赋值语句表达图形变量和尺寸约束参数的关系式，并调用一系列的绘图命令绘制图形。这种方法的程序编制量大，柔性差，直观性不好，仅在早期的 CAD 系统中运用。

交互参数化设计无须考虑设计细节，能快速画出零件草图，经过对草图的反复修改得到所需的设计，而且还可改变约束参数来更新设计内容，实现的方法有几何推理法、作图规则匹配法、变量几何法等。变量几何法因概念清楚、适应能力强，被广泛应用于造型系统。

参数化设计的本质是在可变参数的作用下，系统能够自动维护所有的不变参数。因此，参数化模型中建立的各种约束关系，体现了设计人员的设计意图。

参数化设计可以大大提高模型的生成和修改速度，在产品的系列设计、相似设计及专用 CAD 系统开发方面都具有较大的应用价值。

2. 渐开线方程

如图 1-2 所示，在平面上，当一直线 L 沿半径为 r_b 的固定圆周做纯滚动时，该直线上任意一点 K 的轨迹称为该圆的渐开线。该圆称为渐开线的基圆，直线 L 称为渐开线的发生线。

根据渐开线的形成过程，可知渐开线具有以下性质。

1）发生线在基圆上滚过的长度，等于基圆上被滚过的弧长，即 $NK = \overset{\frown}{NA}$。

2）渐开线上任意一点的法线必与基圆相切，即过渐开线上任意一点 K 的法线与过点 K 的基圆切线重合，且与发生线 L 重合。

3）渐开线上各点的曲率半径不相等。点 N 是渐开线上点 K 的曲率中心，

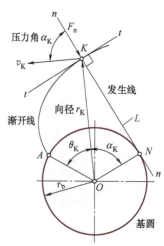

图 1-2　渐开线产生原理

线段 NK 是渐开线上点 K 的曲率半径。可见，离基圆越近，曲率半径越小；在基圆上，曲率半径为零。

4）渐开线上任意一点的法线与该点速度 v_K 方向所夹的锐角 α_K，称为该点的压力角。由图 1-2 可知，点 K 的压力角等于 $\angle KON$，则

$$\cos\alpha_K = \frac{r_b}{r_K} \qquad (1\text{-}1)$$

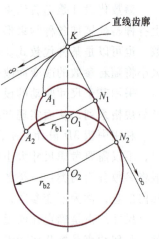

由式（1-1）可知，渐开线上各点压力角不相等，离基圆越远的点，其压力角越大。基圆上的压力角为零，齿顶圆上的压力角最大。

5）渐开线的形状取决于基圆的大小。如图 1-3 所示，基圆越小，渐开线越弯曲；基圆越大，渐开线越平直；当基圆半径无穷大时，渐开线为直线。齿条相当于基圆半径无穷大时的渐开线齿轮。

6）基圆内无渐开线。

由渐开线的生成原理，可得到渐开线的参数方程为

$$\begin{cases} X = r_b(\cos t + t\sin t) \\ Y = r_b(\sin t - t\cos t) \end{cases} \qquad (1\text{-}2)$$

式中　X、Y——渐开线上任一点的直角坐标值；

　　　r_b——基圆半径；

　　　t——变参数，表示展角范围，$0 < t < 2\pi$。

图 1-3　不同基圆半径的渐开线形状

3. 齿轮

齿轮机构是一种是应用最广泛的机械传动方式之一，是一种啮合传动。共轭齿廓才能满足齿廓啮合基本定律。常用的齿廓曲线有渐开线、摆线、圆弧曲线等，其中以渐开线为主。图 1-4 所示为两条对称的渐开线组成的渐开线齿轮轮齿齿形。

齿轮的主要参数如下。

（1）模数　模数是决定轮齿大小的因素。齿轮模数被定义为模数制轮齿的一个基本参数，是人为抽象出来用以度量轮齿规模的参数，目的是标准化齿轮刀具，降低成本。直齿轮、斜齿轮和锥齿轮的模数皆可参考标准模数系列。模数一般以 m 表示。

（2）压力角　分度圆上的压力角简称压力角，以 α 表示。我国国家标准规定的标准压力角为 20°。

压力角是决定齿轮齿形的参数，即轮齿齿面的倾斜度。在齿轮传动中，压力角是齿廓曲线和分度圆交点处的速度方向与该点的法线方向（即力的作用线方向）之间的锐角，如图 1-5 所示的 α 为压力角。渐开线上不同点的压力角不等，越接近基圆部分，压力角越小，在基圆上的点其压力角为零。

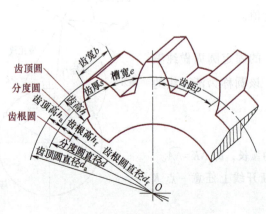

图 1-4　渐开线齿轮各部分名称

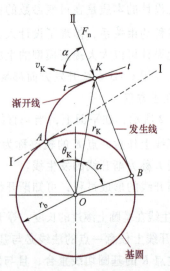

图 1-5　压力角示意图

（3）**分度圆**　为了便于设计、制造及互换，把齿轮某一圆周上的比值规定为标准值（整数或较完整的有理数），并使该圆上的压力角也为标准值，这个圆称为分度圆，其直径以 d 表示，且分度圆的槽宽 e 与齿厚 s 相等。

$$d = mz$$

（4）**基圆**　基圆 d_b 是形成渐开线齿形的基础圆。分度圆是决定齿轮大小的基准圆。基圆与分度圆是齿轮的重要几何尺寸。渐开线齿形是在基圆的外侧形成的曲线。在基圆上压力角为 0°。

$$d_b = d\cos\alpha$$

（5）**齿顶高**　轮齿上介于齿顶圆和分度圆之间的部分称为齿顶，其径向高度称为齿顶高，用 h_a 表示。因一般齿顶高系数 $h_a^* = 1$，故有

$$h_a = m$$

（6）**齿根高**　轮齿上介于齿根圆和分度圆之间的部分称为齿根，其径向高度称为齿根高，用 h_f 表示。因顶隙系数 $h_c^* = 0.25$，故有

$$h_f = (1 + 0.25)m$$

（7）**齿顶圆**　轮齿齿顶所对应的圆称为齿顶圆，其直径用 d_a 表示，即

$$d_a = d + 2h_a$$

（8）**齿根圆**　齿轮的齿槽底部所对应的圆称为齿根圆，其直径用 d_f 表示，即

$$d_f = d - 2h_f$$

【**任务实施**】

1. 预习效果检查

（1）填空题

1）渐开线直齿圆柱齿轮的分度圆上的压力角为_____，基圆上压力角为_____。离基圆越远的点，其压力角越_____。

2）渐开线齿轮齿廓的优点是：_____；_____；_____；_____。

3）参数化设计的方法主要有_____和_____。

（2）判断题

1）标准齿轮就是模数、压力角、齿顶高系数均为标准值的齿轮。（　　）

2）基圆越小，渐开线越弯曲。（　　）

2. 直齿圆柱齿轮的建模分析

（1）**绘制齿轮的基本圆**　选择一草绘平面，绘制渐开线齿轮的齿顶圆、分度圆、基圆、齿根圆，并且利用设置好的参数控制圆的大小。

（2）**绘制渐开线**　用从方程来生成渐开线的方法，绘制渐开线。

（3）**镜像渐开线**　直齿圆柱齿轮的渐开线为两条交叉的曲线，先绘制其中一条渐开线，然后利用镜像工具，选择镜像平面，通过关系式控制平面角度，绘制另一条渐开线。

（4）**拉伸形成实体**　完成齿轮的基圆、渐开线的绘制，便可通过拉伸工具创建齿轮的齿根圆实体和齿轮的一个轮齿。这是创建齿轮三维模型的关键步骤。

（5）**阵列轮齿**　利用阵列工具，对步骤（4）创建的轮齿进行阵列，完成齿轮外形的创建。

（6）**创建其他特征**　创建齿轮的轴孔、键槽特征，并且利用参数和关系式控制相关尺寸。

3. 齿轮参数化建模过程

本学习任务齿轮各参数见表 1-1。

表 1-1 渐开线直齿圆柱齿轮参数

参数	表达式	参数	表达式
模数/mm	$m=1.5$	齿宽/mm	$b=6$
齿数	$z=17$	分度圆直径/mm	$d=mz=1.5\times17=25.5$
压力角（°）	$\alpha=20$	齿顶圆直径/mm	$d_a=d+2h_a=m(z+2)=1.5\times(17+2)=28.5$
齿顶高系数	$h_a^*=1$	基圆直径/mm	$d_b=d\cos\alpha=25.5\cos20°=25.5\times0.94=23.97$
顶隙系数	$h_c^*=0.25$	齿根圆直径/mm	$d_f=d-2h_f=m(z-2.5)=1.5\times(17-2.5)=21.75$

1）建立表达式。单击"工具"菜单栏中的"方程式管理器"按钮 （图 1-6），插入需要编程的参数。在弹出的"方程式管理器"对话框中设置参数，注意"类型"设为"数字""常量"。输入名称、表达式，每完成一次单击按钮 ✔。完成所有变量设置，单击"确认"按钮 确认 ，如图 1-7 所示。在"方程式管理器"对话框的"表达式"列表中出现填写的表达式，如图 1-8 所示。

直齿圆柱齿轮
参数化设计
1）~3）

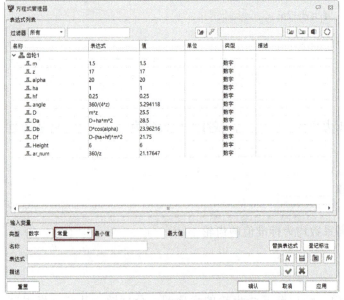

图 1-6 单击"方程式管理器"按钮

图 1-7 "方程式管理器"对话框

图 1-8 "方程式管理器"对话框
中的"表达式"列表

温馨提示：

"方程式管理器"对话框中的"类型"列表中有"数字""字符串""点""向量"等选项。"数字"类型中又有"常量""长度""角度""质量""密度""面积""体积""质量惯性矩"等选项。在建立表达式时一定要选择合适的类型。

2）绘制基圆、分度圆、齿顶圆、齿根圆。单击"线框"菜单栏中的"圆"按钮，分别绘制与分度圆同心的基圆、分度圆、齿顶圆、齿根圆四个圆。如图 1-9 所示，在"圆"对话框中选择"半径"方式绘制圆，圆心为坐标原点，"直径"选择"表达式"，在"输入表达式"对话框中单击"获取变量"

按钮 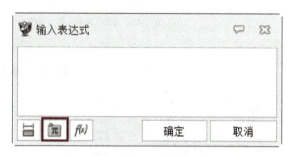（图 1-10），在"变量浏览器"中选择"Db""D""Da""Df"，如图 1-11 所示，绘图效果如图 1-12 所示。

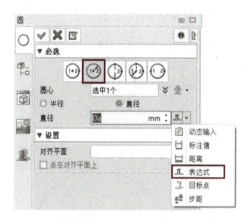

图 1-9　选择表达式方式

图 1-10　获取变量

图 1-11　选择变量

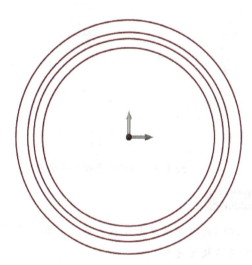

图 1-12　基圆、分度圆、齿顶圆、齿根圆绘制效果

为了方便后期建模，可对绘制的基圆、分度圆、齿顶圆、齿根圆进行重命名。单击鼠标右键，选择"重命名"命令（图 1-13），分别命名为"Db""D""Da""Df"（图 1-14）。

图 1-13　选择"重命名"命令

图 1-14　"重命名"对话框

3）绘制齿形曲线。单击"线框"菜单栏中的"方程式"按钮 ，如图 1-15 所示，绘制渐开线曲线。在"方程式曲线"对话框中的"方程式列表"下拉列表框中选择"渐开线"，输入方程式，注意方程式要用变量代入，这样方便后期编辑（图 1-16）。绘制的渐开线如图 1-17 所示。

图 1-15　单击"方程式"按钮

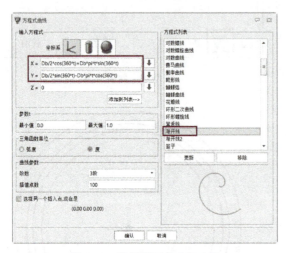

图 1-16　设置渐开线方程参数

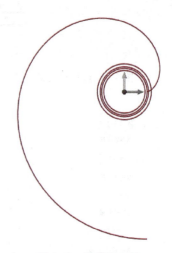

图 1-17　绘制渐开线

> **温馨提示：**
>
> 方程式以变量名称输入，而不是输入变量的值，若后期需要更改参数，只需更改表达式的值，从而实现参数化建模。

单击"线框"菜单栏中的"直线"按钮，绘制渐开线端点与圆心的连线，如图 1-18 所示。利用"线框"菜单栏中的"连接"命令连接直线段和渐开线，如图 1-19 所示。利用"直线"命令绘制原点和渐开线与分度圆交点的直线段（对称线）（图 1-20）。设置"点 1"为"原点"，"点 2"为"交点"，在绘图区选择渐开线和分度圆。

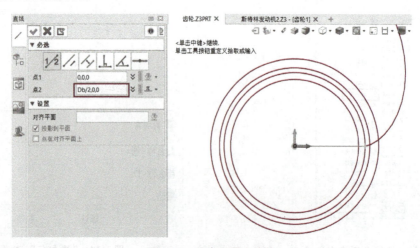

图 1-18　端点和圆心连线

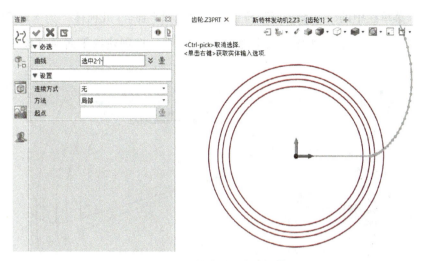

图 1-19　连接直线段和渐开线

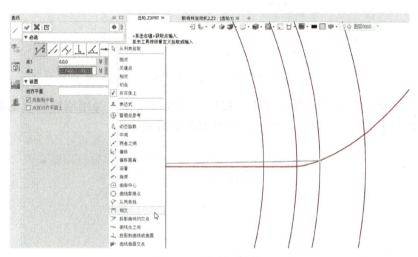

图 1-20　绘制对称线

　　单击"线框"菜单栏中的"移动"按钮，选择"绕轴旋转"方式，"实体"为刚连接好的曲线，"方向"为垂直于 Z 轴平面，"角度"为"表达式"，在"输入表达式"对话框中选择"获取变量"，在"变量浏览器"对话框中选择"angle"，如图 1-21 所示。

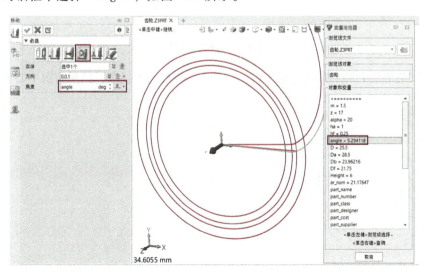

图 1-21　旋转曲线

单击"造型"菜单栏中的"基准平面"按钮，创建镜像平面。"几何体"为 XY 平面和对称线，与实体 1 的关系为"垂直" ⊥ ，与实体 2 关系为"重合" ⊕ ，即创建的平面通过该条直线，如图 1-22 所示。

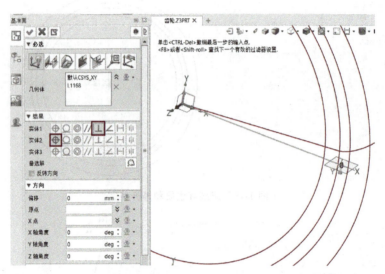

图 1-22　创建镜像平面

单击"造型"菜单栏中的"镜像几何体"按钮，镜像"实体"为刚刚旋转后的曲线，镜像"平面"为刚刚创建的基本平面，如图 1-23 所示。结果如图 1-24 所示。

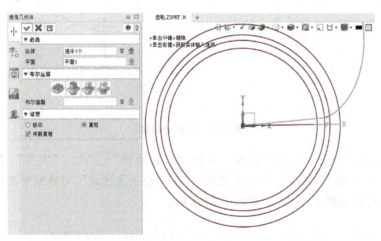

图 1-23　镜像几何体

选择"线框"菜单栏中的"单击修剪"命令，单击需要修剪的线条，结果为图 1-25 所示的齿形曲线。

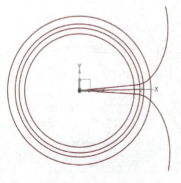

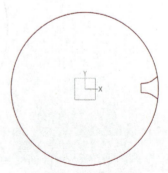

图 1-24　镜像后曲线　　　　　　　　　　　　图 1-25　修剪后的曲线

4）齿顶圆实体建模。选择"拉伸"命令，选择齿顶圆，设置"拉伸类型"为"1边"，"结束点"为"表达式"，在"输入表达式"对话框中选择"获取变量"，在"变量浏览器"对话框中选择"Height"，如图1-26所示。

直齿圆柱齿轮参数化设计4）~8）

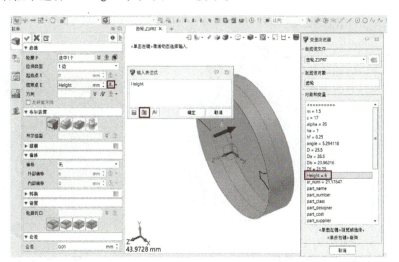

图1-26 拉伸齿顶圆实体

5）切割出齿形缺口。选择"拉伸"命令，选择齿形曲线，设置"拉伸类型"为"1边"，"结束点E"为"到面"，设置"布尔运算"为减运算修剪实体，如图1-27所示。

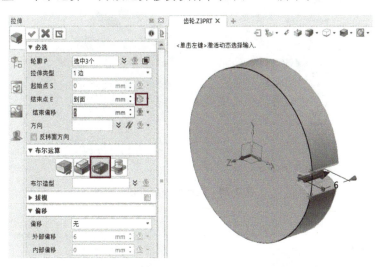

图1-27 修剪拉伸齿形

6）阵列齿形。单击"造型"菜单栏中的"阵列特征"按钮，选择"圆形阵列"，设置"基体"为刚刚的拉伸切除特征，"方向"选择Z轴，"数目"为"表达式"，在"输入表达式"对话框中选择"齿数z"表达式，"角度"选择表达式"ar_num"，如图1-28所示。

7）齿轮连接轴建模。齿轮一般都安装、固定在主轴上，需要设计一个周向固定结构以及安装孔。根据齿轮零件图，设计齿轮连接轴。

选择齿轮实体的一个端面绘制草图。选择"圆"命令，绘制圆心在原点、直径分别为 ϕ12mm、ϕ9mm、ϕ6mm的三个圆，如图1-29所示。

选择"拉伸"命令，选择 ϕ12mm 的圆弧，需要注意的是，在选择圆弧之前，将"过滤器"设为"曲线"，拉伸距离为6mm，注意拉伸方向，如果不正确，可勾选"反转面方向"复选框。"布尔运算"为加运算合并实体（图1-30）。选择 ϕ9mm 的圆弧，设置拉伸距离为9mm，"布尔运算"为加运算合并实体（图 1-31）。拉伸 ϕ6mm 的圆，"起始点 S" 和 "结束点 E" 都为 "到面"，分别选择齿轮的最前面和最后面平面（图 1-32）。

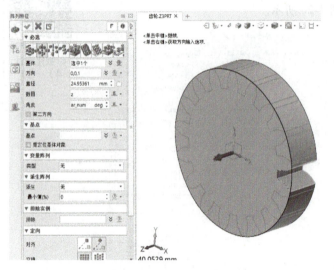

图 1-28　阵列齿形特征

图 1-29　绘制连接轴草图

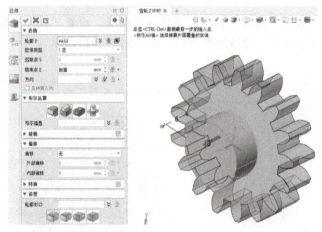

图 1-30　拉伸第一台阶轴

图 1-31　拉伸第二台阶轴　　　　　　　　　　　　图 1-32　拉伸轴向安装孔

8）周向定位孔建模。选择 YZ 平面进行草绘。选择 "点" 命令，绘制孔的中心，约束点在轴线上，与端面的距离为 3mm（图 1-33），退出 "草图" 命令。选择 "孔" 命令，"位置" 选择刚刚的草图点，"面" 为 YZ 平面，"方向" 为 X 轴负向，螺纹 "尺寸" 为 M3×0.5，"深度类型" 为 "完整"，"结束端" 为 "通孔"（图 1-34）。

至此，完成该齿轮参数化建模，最终模型如图1-35所示。

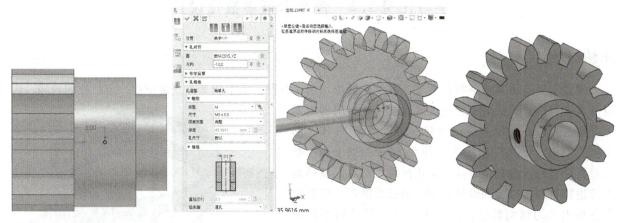

图1-33 周向定位孔草图   图1-34 周向螺纹孔建模   图1-35 齿轮最终模型

【课后拓展训练】

完成图1-36所示齿轮模型的参数化设计。

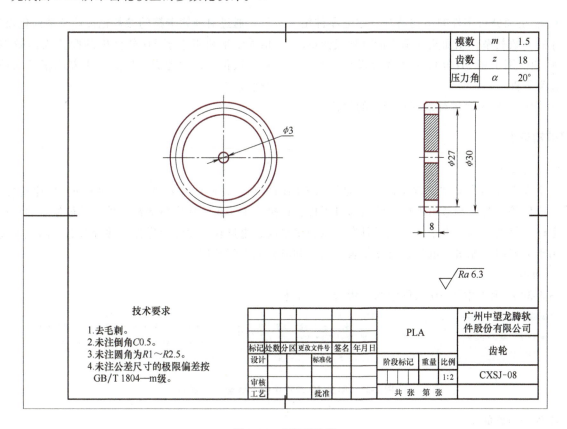

模数	m	1.5
齿数	z	18
压力角	α	20°

$\phi3$

$\phi27$ $\phi30$

8

$\sqrt{Ra\,6.3}$

技术要求
1.去毛刺。
2.未注倒角C0.5。
3.未注圆角为R1～R2.5。
4.未注公差尺寸的极限偏差按GB/T 1804—m级。

标记	处数	分区	更改文件号	签名	年月日		PLA	广州中望龙腾软件股份有限公司
设计			标准化					齿轮
						阶段标记	重量	比例
审核								1:2
工艺			批准			共 张 第 张		CXSJ-08

图1-36 齿轮零件图

学习任务 1.2　弹簧卡箍参数化设计　◀◀◀

【任务描述】

弹簧卡箍是由弹簧钢制作而成，其结构简单，加工方便，成本较低，安装便捷，密封性能较强，因自身具有弹性，故能对所作用的管路提供长时间的束紧力补偿，可以在无压力或压力要求较低的流/气体管路上推广使用。图 1-37 所示为一种 65 锰钢弹簧卡箍，要求对其模型进行参数化设计，采用配置表对不同型号的卡箍进行管理，以提高设计效率。通过此案例，培养学生分析零件的结构特征，设置零件结构尺寸的参数关系、配置系列产品的能力，能够应用中望 3D 软件中的钣金设计工具和方程式管理器、配置表等工具进行机械零件参数化建模。

图 1-37　弹簧卡箍实物图

【知识点】

- 圆柱折弯。
- 拉伸平钣。
- 全凸缘。

- 局部凸缘。
- 配置表。

【技能点】

- 能正确分析零件的结构特征，建立零件结构尺寸的参数关系，从而建立适当的方程式变量。
- 能使用中望 3D 软件中的钣金设计工具设计钣金类零件。
- 能使用配置表进行系列化产品的设计。

【素养目标】

通过对弹簧卡箍的参数化设计及系列化设计，培养学生利用中望 3D 软件中的配置表高效地进行参数化设计的能力，促进学生养成精益求精的职业素养。

【课前预习】

1. 钣金零件

钣金零件（通常简称"钣金件"）是利用金属的可塑性，针对金属薄板（厚度<5mm）通过弯边、冲裁、成形等工艺，制造出零件，然后通过焊接、铆接等工序组装成完整的钣金件。其最显著的特征是同一零件的厚度一致。由于钣金成形具有材料利用率高、重量轻、设计及操作方便等特点，因此钣金件的应用十分普遍，如机床电气、仪器仪表、汽车和航空航天等领域。

2. 钣金设计

图 1-38 所示为中望 3D 软件中的"钣金"工具栏。

图 1-38　中望 3D 软件中的"钣金"工具栏

各命令功能如下。

（1）拉伸平钣与拉伸凸缘　创建钣金基体特征的命令有两个，分别是"拉伸平钣"和"拉伸凸缘"，可创建一个基体实体或凸缘特征。

"拉伸平钣"命令通过拉伸闭合轮廓来创建钣金的基体。其对话框如图1-39所示。

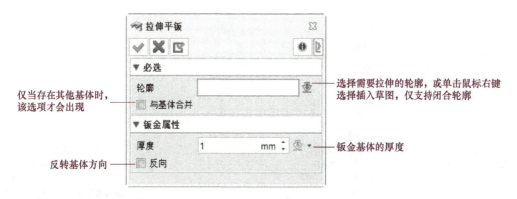

图1-39　"拉伸平钣"对话框

（2）全凸缘与局部凸缘　使用这两个命令，可分别创建钣金的全凸缘和局部凸缘。两个命令的必选输入包括边、角度和凸缘长度；可选输入包括位置、折弯类型以及止裂槽类型。图1-40所示为"全凸缘"对话框，图1-41所示为"局部凸缘"对话框。

图1-40　"全凸缘"对话框

"全凸缘"命令用于在钣金零件的多个边缘添加全凸缘（图1-42），"局部凸缘"命令用于在钣金零件边缘添加一个局部凸缘，凸缘的内折弯半径都是由钣金属性对话框定义的。

1）边。在"全凸缘"命令中，选择需要添加全凸缘的一条或多条边；在"局部凸缘"命令中，选择添加一个局部凸缘的边。用户可以看到新凸缘的预览图。

2）宽度类型。"宽度类型"只有"局部凸缘"命令才有，有"起始-宽度"和"起始-终止"两种选择。对应的"起始距离"表示开始端点的位置，"终止距离"表示结束端点的位置，"宽度"表示设

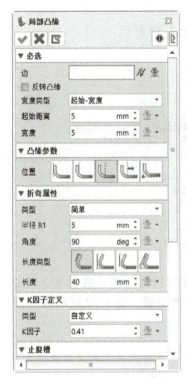

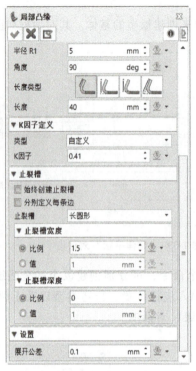

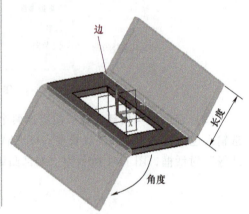

图 1-41　"局部凸缘"对话框　　　　　　　　　　　　**图 1-42　全凸缘**

置的宽度。

3）位置。该选项用于指定所添加的钣金凸缘的位置，其设置跟所选边有关。有四种位置：材料内侧（图 1-43）指凸缘的外面与边缘置于同一平面上；材料外侧（图 1-44）指凸缘的内面与边缘置于同一平面上；折弯外侧（图 1-45）指凸缘的内折弯半径始于边缘；偏移（图 1-46）指凸缘偏移于始边。

4）折弯属性。"折弯类型"有两种："简单"，即创建一个简单折弯凸缘；"S 折弯"，即创建一个双 S 折弯凸缘。请参考预览图查看 S 折弯凸缘的情况。

"半径"是指应用于凸缘特征的内折弯半径。

"角度"用于定义凸缘的角度。该角度可以大于 180°。

"长度类型"用于定义凸缘的长度/高度。有四种类型：腹板长度、外部高度、内部高度、外推长度。腹板长度指新建凸缘的长度；外部高度指基座底面到凸缘顶部的距离；内部高度指基座顶面到凸缘顶部的距离；外推长度指基座底面与凸缘底面的交点，到凸缘顶部的长度。

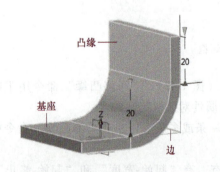

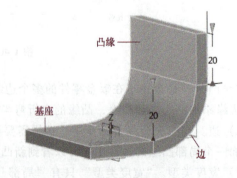

图 1-43　材料内侧　　　　　　　　　　　　　　**图 1-44　材料外侧**

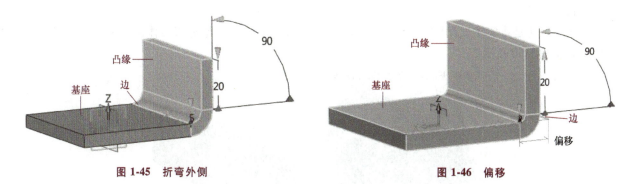

图 1-45 折弯外侧 　　　　　　　　　　　　　　图 1-46 偏移

5）K 因子定义。K 因子标明了钣金的中性平面所在位置，其受多种因素影响，如材料、厚度、折弯半径和折弯角度。如要找到一个贴近实际的 K 因子，则需要将这些因素考虑进去。用户可自定义 K 因子，或通过 Excel，在不同程度分别考虑这四个因素来确定 K 因子。

6）消除凸缘干涉。当创建的凸缘相交时，勾选该复选框，确保凸缘不相交。

7）展开公差。"展开公差"指钣金在展开状态时允许的公差，默认值为 0.1mm。

8）止裂槽。使用该选项，设定待使用折弯止裂槽的类型。当创建凸缘时，止裂槽的类型就在"钣金属性"对话框中确定，之后无论位置选项的模式是什么，始终应用该止裂槽模式。

止裂槽有"无""长圆形""矩形"三种类型。图 1-47 所示为不同位置、不同种类止裂槽。

两侧止裂槽可独立设置，勾选"分别定义每条边"复选框，可以为每一侧设置不同的止裂槽宽度/深度。止裂槽宽度/深度可设定为材料厚度的一个比值或一个绝对值，选择一种设定方式，并输入相应值。将止裂槽的类型设置为"闭合"，可延长钣金凸缘和折弯以形成闭合角。

"始终创建止裂槽"复选框主要用来处理相邻尖角的地方。取消勾选此复选框，在相邻尖角处不能创建止裂槽；勾选此复选框会忽略尖角的地方，直接创建止裂槽（图 1-48）。

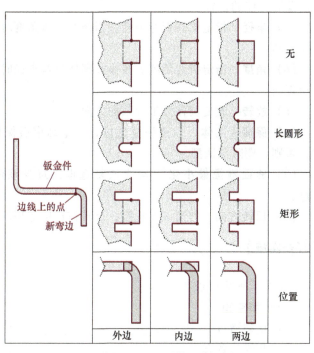

图 1-47 止裂槽示意

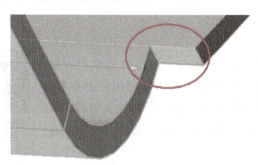 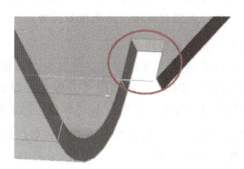

a) 未勾选此复选框 　　　　　　　　　　　　　　b) 勾选此复选框

图 1-48 "始终创建止裂槽"复选框

3. 圆柱折弯

圆柱折弯就是将实体根据圆柱体进行折弯（图 1-49）。圆柱折弯是折弯实体的一种最常用的方式，其对话框如图 1-50 所示。

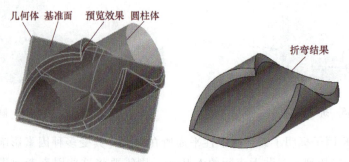

图 1-49　圆柱折弯

（1）**造型**　选择要折弯的造型。

（2）**基准面**　指定一个平面，用来定义被折弯的造型的 XY 坐标系以及圆柱体的位置。

（3）**半径**　指定圆柱折弯半径。当修改折弯角度时，折弯半径会自动更新。

（4）**角度**　指定折弯角度。当修改圆柱折弯半径时，折弯角度会自动更新。

（5）**旋转**　改变圆柱体坐标系的方向。

（6）**保留原实体**　勾选该复选框，命令结束后保留被折弯的造型。否则，删除该造型。

（7）**曲面数据最小化**　勾选该复选框，减少该命令产生的数据量。

（8）**反转方向**　勾选该复选框，反转被选中造型的折弯方向。

图 1-50　"圆柱折弯"对话框

【任务实施】

1. 预习效果检查

（1）**填空题**

1）止裂槽有＿＿＿＿＿＿、＿＿＿＿＿＿、＿＿＿＿＿＿三种类型。

2）凸缘位置有＿＿＿＿＿＿、＿＿＿＿＿＿、＿＿＿＿＿＿、＿＿＿＿＿＿。

（2）**判断题**

1）当创建的凸缘相交时，勾选"消除凸缘干涉"复选框可确保凸缘不相交。（　　　）

2）折弯的类型有两种：简单和 L 折弯。（　　　）

2. 弹簧卡箍建模过程

（1）**建立表达式**　新建零件，命名为"弹簧卡箍"。单击"工具"菜单栏中的"方程式管理器"按钮，在弹出的"方程式管理器"对话框中插入需要编程的参数。长、宽数值使用类型为"数字"和"长度"。设置参数类型、输入名称和表达式，每完成一次单击按钮 ✓ 。所有变量设置完成后，单击"确认"按钮 确认 ，完成所有变量设置，如图 1-51 所示。

（2）**绘制主体矩形草图**　选择 XZ 平面创建草图，选择"矩形"命令，以"中心"方式绘制矩形（图 1-52），以原点为中心拉出一个任意大小的矩形，单击"确定"按钮。修改矩形

弹簧卡箍参
数化设计
（1）～（11）

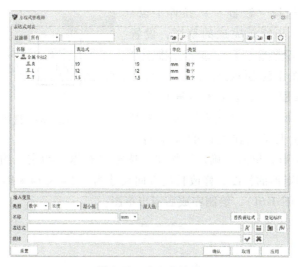

图 1-51 建立表达式

的长度和宽度尺寸，设置宽度方向尺寸为"L"（图 1-53），长度方向尺寸为"2 * 3.14 * R"（图 1-54），绘制完成后退出草图。

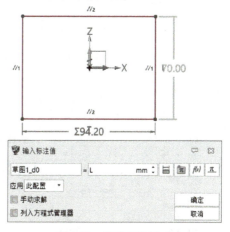

图 1-52 选择"中心"方式绘制矩形

图 1-53 修改宽度尺寸

温馨提示：

修改尺寸时一定要输入表达式，而不是表达式的值，这样后期在参数化建模和系统化配置时，所有参数才会跟着变化。

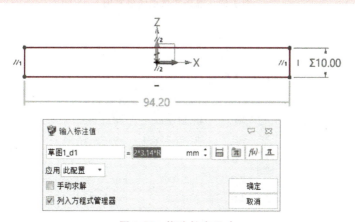

图 1-54 修改长度尺寸

（3）拉伸主体模型 选择"钣金"→"拉伸平钣"命令（图1-55），选择上一步绘制完成的草图，设置"厚度"为表达式，选择卡箍厚度"T"，或者直接在厚度对话框中输入"T"，如图1-56所示。

（4）绘制左端缺口草图 选择实体面进行草绘（图1-57），选择"矩形"命令，以"角点"方式绘制矩形（图1-58），矩形的左上角点在主体的最左端面

图1-55 选择"拉伸平钣"命令

上，拉出一个任意大小的矩形，单击"确定"按钮。选择"对称"约束，约束矩形上、下两条边关于 X 轴对称（图1-59）。修改矩形的长度，修改长度方向尺寸为"2 * 3.14 * R/3+3"（图1-60），标注宽度方向定位尺寸"2.50"（图1-61），绘制完成后退出草图。

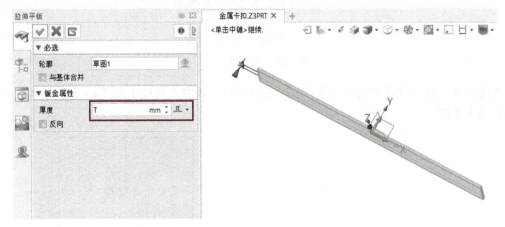

图1-56 拉伸平钣

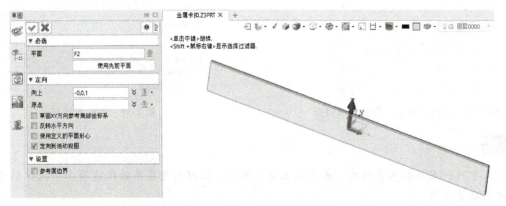

图1-57 选择实体面绘制草图

图1-58 选择"角点"方式绘制矩形

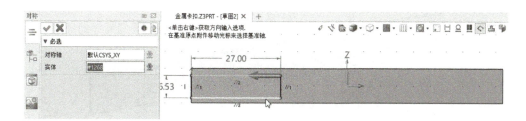

图1-59　设置对称约束

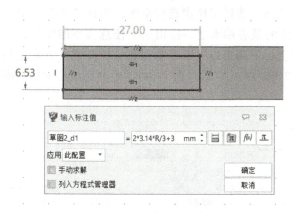

图1-60　修改长度方向尺寸

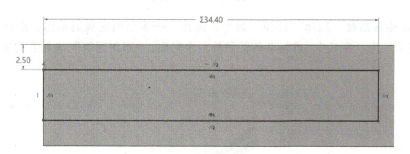

图1-61　标注宽度方向定位尺寸

（5）拉伸切除左端缺口　选择"拉伸"命令，选择上一步绘制完成的草图，选择"拉伸类型"为"1边"，"结束点E"为"到面"，选择基体的另外一个平面，"布尔运算"为减运算修剪实体，如图1-62所示。切除后的模型如图1-63所示

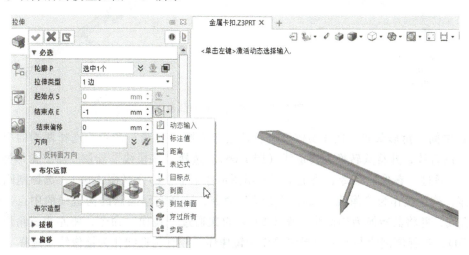

图1-62　拉伸切除参数设置

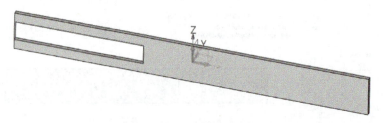

图 1-63　拉伸切除后的模型

（6）**绘制右端矩形凸台草图**　选择实体面进行草绘，选择"矩形"命令，选择"角点"方式绘制矩形，矩形的左上角点在主体的最右端面上，拉出一个任意大小的矩形，单击"确定"按钮。同样选择"对称"约束，约束矩形上、下两条边关于 X 轴对称。标注宽度方向定位尺寸"3"，修改矩形的长度，修改长度方向尺寸为"$2*3.14*R/3$"（图 1-64），绘制完成后退出草图。

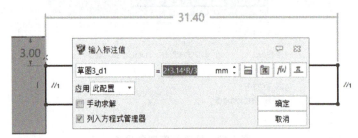

图 1-64　右端矩形凸台草图参数设置

（7）**拉伸右端矩形凸台**　选择"拉伸"命令，选择上一步绘制完成的草图，选择"拉伸类型"为"1 边"，"结束点 E"为"到面"，选择基体的另外一个平面，"布尔运算"为加算合并实体，如图 1-65 所示。

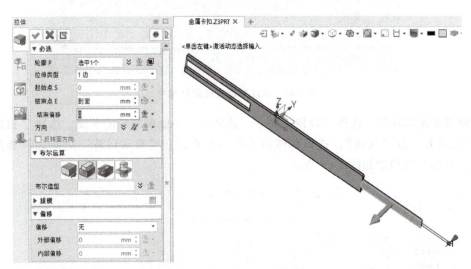

图 1-65　拉伸右端矩形凸台

（8）**绘制中间三角形草图**　选择实体面进行草绘，选择"直线"命令，选择两端的中点，绘制一条与 X 轴共线的直线，并将其转换为构造线（图 1-66）。选择"多段线"绘制一半三角形并进行尺寸约束（图 1-67）。通过"镜像"命令，将上半部分草图镜像到下半部分（图 1-68），选择刚刚绘制的多段线作为镜像体，构造线作为镜像线。选择"直线"命令，选择刚刚绘制的构造线的中点，绘制一条与 Z 轴平行的直线，并将其转换为构造线（图 1-69）。再次通过"镜像"命令，将左边三角形草图镜像到右边（图 1-70），选择刚刚绘制的三角形线段作为镜像体，竖直构造线作为镜像线。选择"倒圆角"命令，将三角形的所有角倒圆，设置圆角"半径"为"1"（图 1-71），完成后退出草图。

图 1-66 转换为构造线

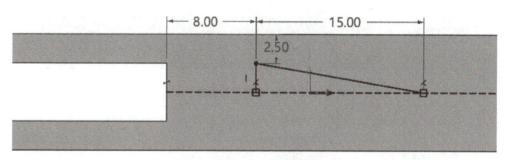

图 1-67 绘制三角形轮廓的一半

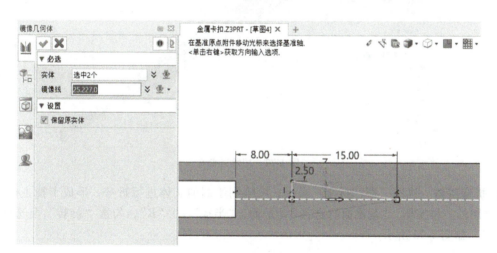

图 1-68 镜像三角形的另一半

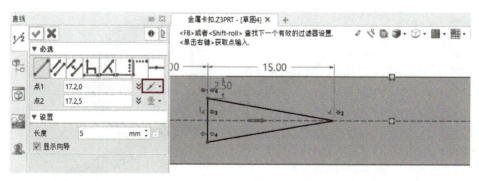

图 1-69 绘制与 Z 轴平行的直线

（9）**切除三角孔特征** 选择"拉伸"命令，选择上一步绘制完成的草图，选择"拉伸类型"为"1 边"，"结束点 E"为"到面"，选择基体的另外一个平面，"布尔运算"为减运算修剪实体，如图 1-72 所示。

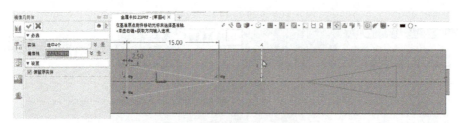

图 1-70　镜像创建右边的三角形

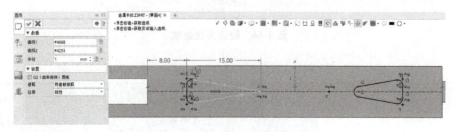

图 1-71　三角形倒圆角

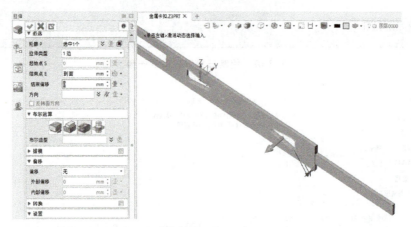

图 1-72　切除三角孔

（10）折弯实体　选择"圆柱折弯"命令，将刚刚绘制的实体进行折弯，形成卡箍主体。"造型"选择刚刚绘制的三维实体，"基准面"选择 *XZ* 平面，"半径"为"R"，勾选"旋转"复选框，设置参数为"90°"，如图 1-73 所示。

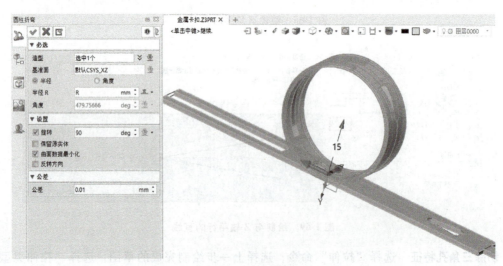

图 1-73　圆柱折弯

选择折弯基准平面时，可以指定一个平面，用来定义被折弯的造型的 *XY* 坐标系以及圆柱体的位置。

（11）修正主体　由于折弯后发现两端面完全贴合（图 1-74），但卡箍需要留弹性缺口，因此将"历史"管理记录后退一步（图 1-75）。选择实体面进行草绘，选择"矩形"命令，以"角点"方式绘制矩形，矩形的左上角点在主体的最左端面上，矩形长度为 3mm，如图 1-76 所示。选择"拉伸"命令，选择刚刚绘制的草图，选择"拉伸类型"为"1 边"，"结束点 E"为"到面"，选择基体的另外一个平面，"布尔运算"为减运算修剪实体（图 1-77）。"历史"管理记录后退一步，可以看出折弯后模型有了需要的弹性缺口（图 1-78）。

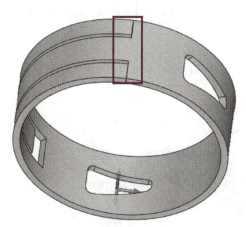

图 1-74　卡箍无缺口

图 1-75　"历史"管理记录后退一步

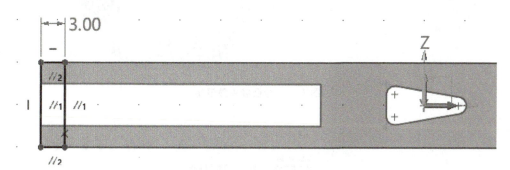

图 1-76　绘制缺口矩形

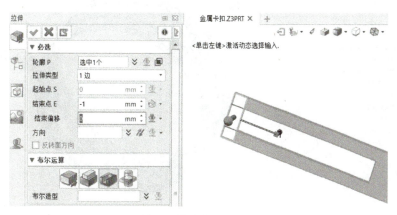

图 1-77　拉伸切除卡箍缺口

（12）卡箍凸缘建模 单击"钣金"菜单栏中的"全凸缘"按钮（图1-79），弹出"全凸缘"对话框，在绘图区选择图1-80所示的三条边，设置"半径R1"为1mm，"角度"为85°，"长度"为10mm。

选择图1-81所示的实体面进行草绘，绘制图1-82所示矩形。选择"拉伸"命令，选择刚刚绘制的草图，选择"拉伸类型"为"1边"，"结束点E"为"到面"，选择基体的另外一个平面，"布尔运算"为加运算合并实体，如图1-83所示。

弹簧卡箍参数化设计（12）～（16）

图1-78 卡箍缺口建模完成

图1-79 单击"全凸缘"按钮

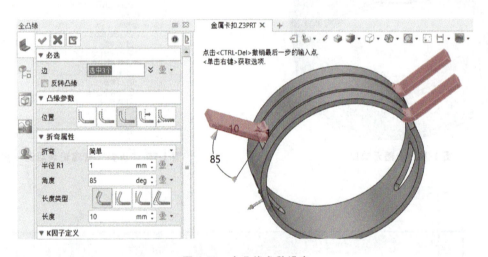

图1-80 全凸缘参数设定

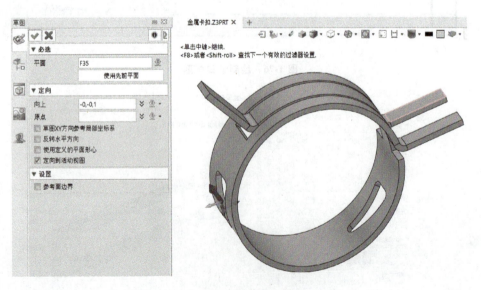

图1-81 选择草绘平面

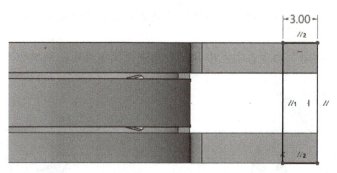

图 1-82 绘制凸缘草图

图 1-83 拉伸凸缘结构

（13）**卡箍局部凸缘建模** 单击"钣金"菜单栏中的"局部凸缘"按钮（图 1-84）。选择图 1-85 所示结构的一条边，设置"宽度类型"为"起始-终止"，"起始距离"和"终止距离"均为 1.5mm，折弯半径为 1mm，"角度"为 90°，"长度"为 6.5mm，"止裂槽"为"长圆形"，"比例"为"1.5"。

图 1-84 单击"局部凸缘"按钮

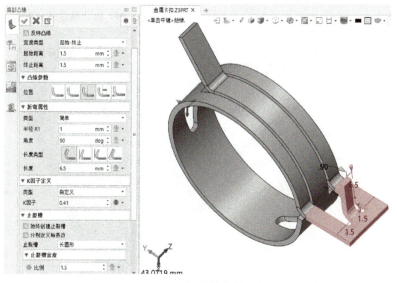

图 1-85 局部凸缘参数设定

（14）倒圆角 使用"倒圆角"命令，对图中几处尖角进行倒圆角操作，圆角半径为 1mm，结果如图 1-86 所示。

（15）倒角 使用"倒角"命令，对图中几处尖角进行倒角操作，结果如图 1-87 所示。

图 1-86 倒圆角

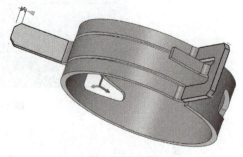

图 1-87 倒角

（16）查询曲率 选择"查询"→"曲面曲率"命令，查询卡箍的内径尺寸（图 1-88），如果发现曲率并不是表达式中的 R 值，则表示在前期进行圆柱折弯时，将外径折成 R 值了，需要进行调整。将"特征节点"定位到"变形 1"处（图 1-89），双击"变形 1"，设置"基准面"为拉伸平钣基体对应的那一面（图 1-90）。再次查询曲率，内径为 15mm 左右（图 1-91），则表示建模正确。将"特征节点"定位到建模树末端。

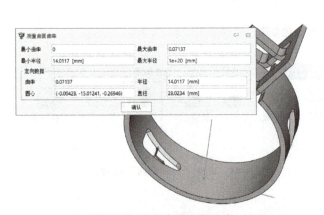

图 1-88 查询卡箍内径尺寸

图 1-89 将"特征节点"定位到"变形 1"

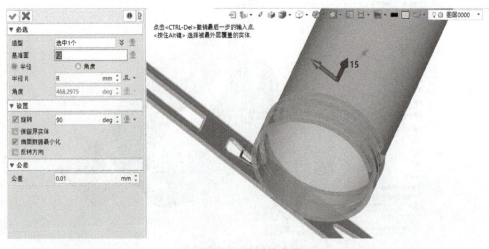

图 1-90 修改基准面

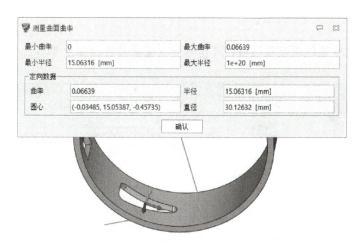

图 1-91　再次查询曲率

3. 弹簧卡箍系列化配置过程

在管理器空白处右击，在快捷菜单中选择"配置表"命令（图 1-92），在弹出的"配置表"对话框中选择"表达式"中预先设置的参数，单击"新建配置"按钮，弹出"新建配置"对话框（图 1-93），设置"配置名"为"R19-12-1.5"（图 1-94），对应修改相应数据，如图 1-95 所示。单击"应用"按钮和"确认"按钮。

图 1-92　右键选择配置表

图 1-93　设置默认配置

图 1-94　设置新的配置名称

此时"管理器"中就出现了"零件配置"（图 1-96），双击对应的配置，查询曲率，如图 1-97 所示，检查尺寸正确。这样就完成了系列化配置。

温馨提示：

配置名称在命名时尽量按照一定规则，可以以一些重要的特征值来命名。

图 1-95　设置新配置参数

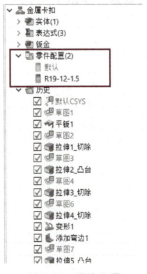

图 1-96　零件配置

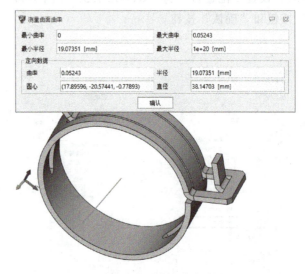

图 1-97　查询曲率

【课后拓展训练】

图 1-98 所示为不锈钢强力喉箍，自定义尺寸参数，试完成抱箍圈模型设计，并对其进行系列化配置。

图 1-98　不锈钢强力喉箍

学习任务1.3　汽车用弹簧参数化设计 ◄◄◄

【任务描述】

弹簧是工业中常用的零件，具有夹紧、减振、复位、调节等多种功能，试利用参数化建模设计图1-99所示的汽车弹簧，要求通过设置合理的参数，使该弹簧能在一定范围内自由变化，从而表达出弹簧不同的工作状态。通过此案例，进一步培养学生参数化建模的能力，能够利用参数化建模表达零件的不同工作状态，能够应用中望3D软件中的螺旋线、桥接曲线、杆状特征等工具进行机械零件参数化建模。

图1-99　汽车弹簧

【知识点】

- 螺旋线。
- 桥接曲线。

- 杆状特征。

【技能点】

- 能正确分析零件的结构特征，建立零件结构尺寸的参数关系，从而建立适当的方程式变量。
- 能使用相关曲线命令进行曲线的绘制与编辑。
- 能选择合适参数进行不同工作状态下的零件建模。

【素养目标】

通过对汽车弹簧的参数化设计，利用中望3D软件对弹簧不同工作状态的建模，培养学生养成独立思考，善于创新的职业能力。

【课前预习】

弹簧是机械通用零件，具有夹紧、减振、复位、调节等多种功能，其中以圆柱螺旋压缩弹簧最为常见。

弹簧一般用弹簧钢制成，用以控制机件的运动、缓和冲击或振动、贮蓄能量、测量力的大小等，广泛用于机器、仪表中。弹簧在受载时能产生较大的弹性变形，把机械功或动能转化为弹性势能，而卸载后弹簧的变形消失并回复原状，将弹性势能转化为机械功或动能。制作弹簧的主要材料有不锈钢弹簧线、优质碳素弹簧钢丝、耐疲劳合金弹簧钢丝、磷铜丝、镀锌镀镍丝等。

弹簧主要有以下功能：

1）控制机械的运动，如内燃机中的阀门弹簧、离合器中的控制弹簧等。

2）吸收振动和冲击能量，如汽车、火车车厢下的缓冲弹簧、联轴器中的吸振弹簧等。

3）储存及输出能量作为动力，如钟表弹簧、枪械中的弹簧等。

4）用作测力元件，如测力器和弹簧秤中的弹簧等。

弹簧的载荷与变形之比称为弹簧刚度。刚度越大，弹簧越硬。

依形状的不同，可将弹簧分为碟形弹簧、环形弹簧、板弹簧、螺旋弹簧、平面涡卷弹簧以及扭杆弹簧等。依构成弹簧的材料所受应力状态的不同，可将弹簧分为拉伸弹簧、压缩弹簧、扭转弹簧、线弯曲弹簧等。

【任务实施】

1. 预习效果检查

（1）填空题

制作弹簧的主要材料有_____、_____、_____、_____、_____。

依构成弹簧的材料所受应力状态的不同，可将弹簧分为 _____、_____、
_____、_____。

（2）判断题

1）弹簧在受载时能产生较大的弹性变形，把机械功或动能转化为弹性势能，而卸载后弹簧的变形消失并回复原状，将弹性势能转化为机械功或动能。（　　　）

2）弹簧可以储存及输出能量作为动力。（　　　）

2. 弹簧参数化建模分析

圆柱螺旋压缩弹簧分为有效圈和左、右支承圈，国家标准 GB/T 2089—2009 中规定的圆柱螺旋压缩弹簧的类型如图 1-100 所示。

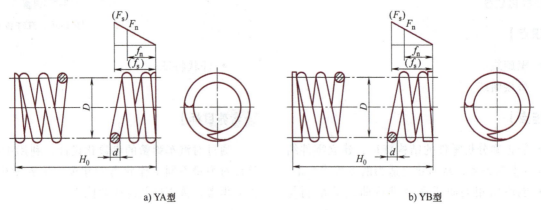

a) YA型　　　　　　　　　　　　　　b) YB型

图 1-100　圆柱螺旋压缩弹簧

有效圈是弹簧受力的主体部分，根据国家标准 GB/T 2089—2009 规定，圆柱螺旋压缩弹簧的有效圈圈数的尾数推荐用 1/2 圈，只有在极个别的情况下才采用整数圈。支承圈的两端并紧且磨平，作用是使压缩弹簧工作时受力均匀，保证轴线垂直于支承端面。影响圆柱螺旋压缩弹簧结构的主要特征尺寸是材料直径 d、弹簧中径 D、弹簧有效圈的节距、有效圈数 n。圆柱螺旋压缩弹簧是一种标准件，这几项特征尺寸在国家标准 GB/T 2089—2009 中均做了统一规定。只要它们选取不同的数值，弹簧零件结构就会随之改变。因此，建模步骤大致如下。

1）创建圆柱螺旋线。由于弹簧有效圈和左、右支承圈的节距和圈数不相同，在建模时应该分别画出三条半径相同、节距和圈数不同的螺旋线，要注意三段螺旋线的起始角度和旋向设置一致，并使其首尾相接，然后将这三段螺旋线组合为一段曲线。

2）创建弹簧钢丝截面。建立新基准面，在新建基准内以螺旋线端点为圆心绘制表示弹簧钢丝直径的圆。

3）创建沿螺旋线扫描特征。以圆截面为母线，以组合螺旋线为导线，扫描后得到圆柱螺旋实体。

4）磨平弹簧左、右支承圈两端。通过设置两次"切除—拉伸"特征，对弹簧左、右端支承圈两端各切除半圈来实现，最后得到圆柱螺旋压缩弹簧零件模型。

3. 汽车弹簧参数化建模过程

首先建立弹簧的初始几何模型，然后将其特征尺寸参数用相应的变量参数代替，并将相关标准规定的标准规格尺寸数值集合在一起建立变量的参数库，最后通过改变参数库中的数据，对变量参数赋予不同的数值，进行规格系列化模型重构。

参数化建模过程如下。

（1）建立表达式　单击"工具"菜单栏中的"方程式管理器"按钮，在弹出的对话框中设置参数，注意类型设为"数字"。输入名称为"A"，表达式为"48"（图 1-101）。

汽车用弹簧
参数化设计

图 1-101　建立表达式

（2）绘制弹簧路径曲线

1）绘制起始段曲线。利用"线框"菜单栏中的"方程式"功能，绘制三段螺旋曲线。绘制第一条螺旋线时，在"方程式曲线"对话框中，选择"坐标系"为"圆柱坐标系"，在"方程式列表"下拉列表框中选择"螺旋线 2"，输入方程式（图 1-102），绘制的螺旋线如图 1-103 所示。绘制第二条螺旋线时，同样设置"坐标系"为"圆柱坐标系"在"方程式列表"下拉列表框中选择"螺旋线（固定半径，可变螺距）"，输入方程式（图 1-104），绘制的螺旋线如图 1-105 所示。绘制第三条螺旋线时，同样设置"坐标系"为"圆柱坐标系"，在"方程式列表"下拉列表框中选择"螺旋线（可变半径，可变螺距）"，输入方程式（图 1-106），绘制的螺旋线如图 1-107 所示。

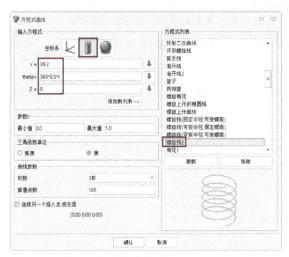

图 1-102　绘制第一条螺旋线对话框设置

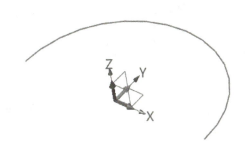

图 1-103　第一条螺旋线

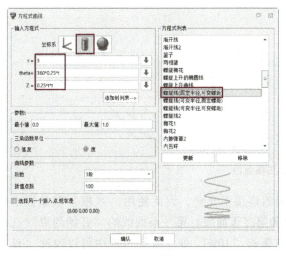

图 1-104　绘制第二条螺旋线对话框设置

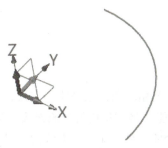

图 1-105　第二条螺旋线

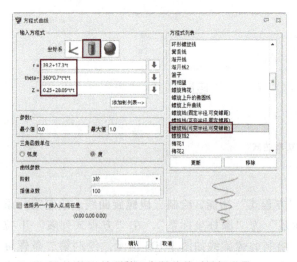

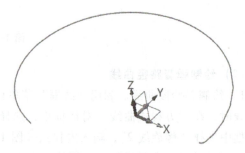

图1-106　绘制第三条螺旋线对话框设置　　　　　　　　图1-107　第三条螺旋线

利用"线框"菜单栏中的"移动"功能，选择"绕方向旋转"选项，选择第二条螺旋线，绕 Z 轴正向转 180°（图1-108）；选择第三条螺旋线，绕 Z 轴正向转 270°（图1-109）。

图1-108　旋转第二条曲线

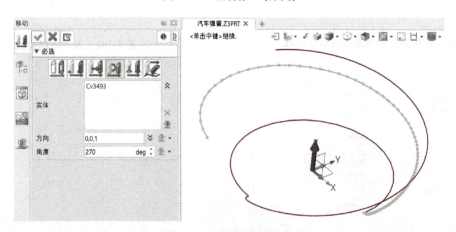

图1-109　旋转第三条曲线

旋转后起始段曲线已经绘制完成，但是，曲线之间的连接不光顺，因此使用"线框"菜单栏中的"桥接"功能，将三条曲线光顺连接。旋转第一条曲线和第二天曲线，第一条曲线的"开始约束"选择在弧长"95%"处，第二条曲线的"结束约束"选择在弧长"10%"处。桥接过程中可以勾选"显示曲率"复选框，通过曲率梳来判断曲线是否连续。取消选择"显示曲率"复选框，单击确定按钮完成操作（图 1-110）。使用同样的方法桥接第二条曲线和第三条曲线，具体参数如图 1-111 所示。至此起始段路径已完成（图 1-112）。

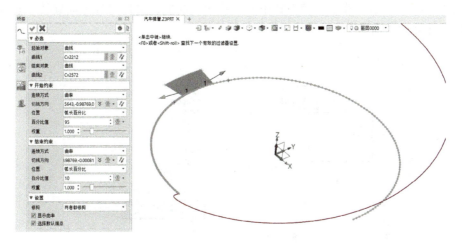

图 1-110 桥接第一、二条曲线

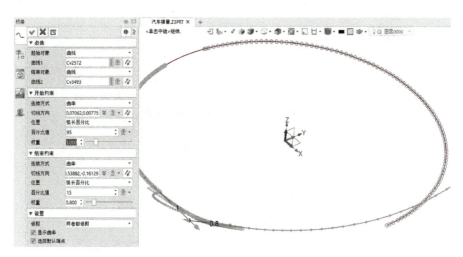

图 1-111 桥接第二、三条曲线

2）绘制中间段曲线。中间段路径为螺旋曲线，利用"线框"菜单栏中的"螺旋线"功能，设置螺旋线的"起点"为刚刚绘制起始段路径的终点，"轴"为 Z 轴正向，"匝数"为"4.6"，"距离"为"A"（图 1-113）。

图 1-112 起始段路径

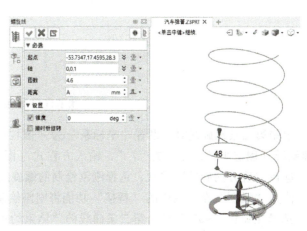

图 1-113 中间段螺旋曲线

　　3）绘制末段曲线。结束段与开始段类似，为两条螺旋曲线。绘制第一条螺旋线时，设置"坐标系"为"圆柱坐标系"，在"方程式列表"下拉列表框中选择"螺旋线（可变半径，可变螺距）"，输入方程式（图1-114）。利用"线框"菜单栏中的"移动"功能，选择"绕方向旋转"选项，选择刚刚绘制的螺旋线，绕Z轴正向转18°（图1-115）。

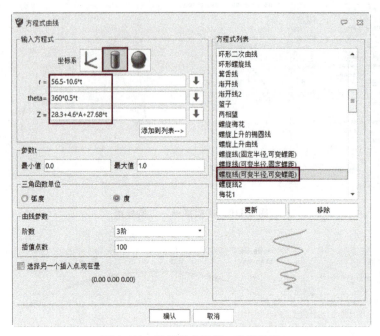

图1-114　绘制结束段第一条螺旋线

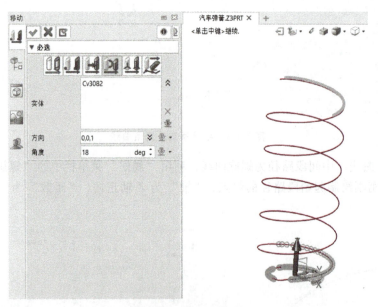

图1-115　旋转螺旋线1

　　绘制第二条螺旋线时，设置"坐标系"为"圆柱坐标系"，在"方程式列表"下拉列表框中选择"螺旋线（固定半径，可变螺距）"，输入方程式（图1-116）。利用"线框"菜单栏中的"移动"功能，选择"绕方向旋转"选项，选择刚刚绘制的螺旋线，绕Z轴正向转-162°（图1-117）。

　　使用"线框"菜单栏中的"桥接"功能将刚刚绘制的两条曲线光顺连接。第一条曲线的"开始约束"选择在弧长"90%"处，第二条曲线的"结束约束"选择在弧长"10%"处。桥接过程中可以勾选"显示曲率"复选框，通过曲率梳来判断曲线是否连续（图1-118）。

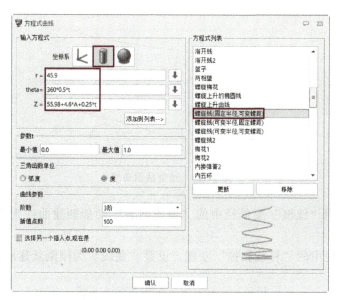

图 1-116　绘制结束段第二条螺旋线

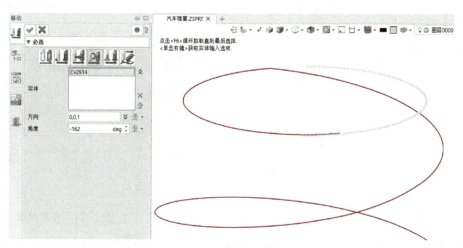

图 1-117　旋转螺旋线 2

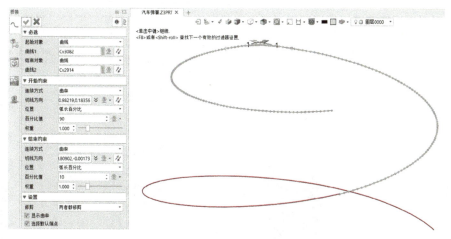

图 1-118　桥接曲线

（3）绘制弹簧截面曲线　选择 *XZ* 平面创建草图，选择"圆"命令，以"半径"方式绘制圆（图 1-119）。

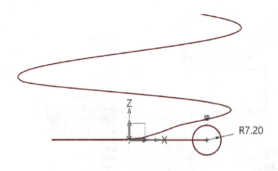

图1-119　绘制截面曲线

（4）**扫掠建模**　使用"线框"菜单栏中的"曲线列表"功能新建曲线列表，选择所有路径曲线（图1-120）。

使用"造型"菜单栏中的"杆状扫掠"功能，设置"曲线"为刚刚新建的曲线列表，"直径"为"14.8"（图1-121）。

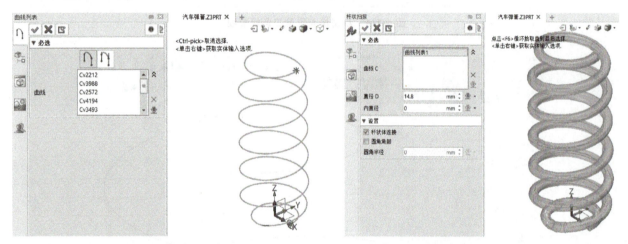

图1-120　新建曲线列表　　　　　　　　　　　　图1-121　杆状扫掠

（5）**参数变化**　改变表达式A的值，从A=48变为A=70。图1-122和图1-123所示为弹簧的长度变化，表达弹簧的两种工作状态。

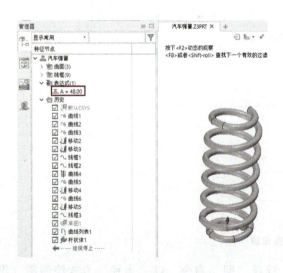

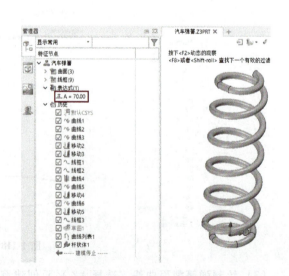

图1-122　A=48时的弹簧　　　　　　　　　　　图1-123　A=70时的弹簧

【课后拓展训练】

绘制图 1-124 所示圆柱螺旋拉伸弹簧（半圆钩环型）（GB/T 2088—2009）模型。

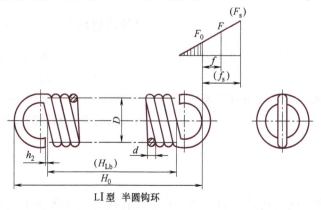

图 1-124　圆柱螺旋拉伸弹簧（半圆钩环型）

学习任务1.4　减速器箱体端盖参数化建模 ◂◂◂

【任务描述】

　　减速器箱体是安装各传动轴的基础部件，根据传动比的不同，箱体的尺寸也有所不同。利用参数化建模设计减速器箱体的端盖（图 1-125），要求端盖可以根据减速器箱体模型的大小来改动，端盖上的螺纹孔尺寸、数量可以根据端盖的大小来确定。通过此任务，进一步培养学生参数化建模的能力，能够利用参数化建模配置不同环境下的零件模型，能够应用中望 3D 软件中的条件抑制、变量等工具进行机械零件参数化建模。

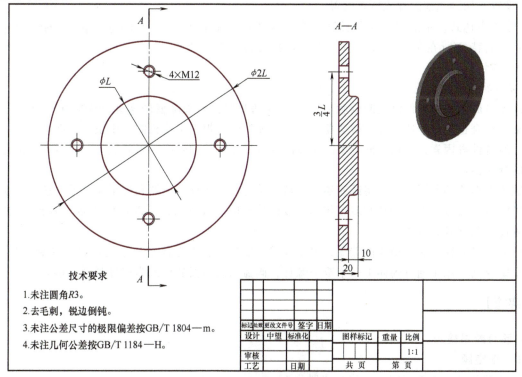

图 1-125　减速器箱体端盖

【知识点】

● 条件抑制。

● 变量。

【技能点】

● 能正确分析零件的结构特征，建立零件结构尺寸的参数关系。

● 能使用条件抑制来改变不同条件下零件的形状与结构。

【素养目标】

通过设置合理的条件变量实现对减速箱端盖的参数化建模，培养学生选择合适的参数，利用中望 3D 软件对零件进行条件抑制建模的能力，助其塑造勇于创新的品格。

【课前预习】

1. 条件抑制

条件抑制命令可将变量或表达式附加到某一特征。在历史记录重新生成时，如果表达式为"真"（非零值），则该特征被抑制；否则，解除抑制。"条件抑制"对话框如图 1-126 所示。

工作步骤如下。

1）在历史管理器空白处右击选择"条件抑制"命令，弹出"条件抑制"对话框。

2）使用过滤器筛选列表中显示的特征。可选择有条件、无条件或只显示已选择的特征。

3）勾选"同时选择所有子特征"复选框时，系统会自动选中被选特征的所有子特征。

4）勾选"选择具有相同表达式的所有特征"复选框时，系统会自动选中同被选特征应用了相同表达式的所有特征。

5）设置应用到当前配置或所有配置。

6）输入表达式，单击"应用"按钮，则该表达式会显示在列表中对应的特征所在条目。若状态为真，则特征被抑制；否则，解除抑制。

图 1-126 "条件抑制"对话框

2. 减速器箱体的端盖

减速器是原动机和工作机之间的独立的闭式传动装置，用来降低转速和增大转矩，以满足工作需要，在某些场合也用来增速，称为增速器。选用减速器时应根据工作机的选用条件、技术参数、动力机的性能、经济性等因素，比较不同类型减速器的外观尺寸、传动效率、承载能力、质量和价格等，选择最适合的减速器。

按照传动形式的不同，可以将减速器分为齿轮减速器、蜗杆减速器和行星减速器；按照传动级数的不同，可将减速器分为单级传动和多级传动；按照传动的布置不同，可以将减速器分为展开式减速器、分流式减速器和同轴式减速器。

本任务要求创建减速器箱体的端盖，属于盘盖类零件，基本形体是扁平的盘状。在盘状基本体上，留有四个螺纹孔，用来通过阀体上四个双头螺柱，阀盖与阀体安装形式为螺母紧固连接。

【任务实施】

1. 预习效果检查

（1）填空题

1）按照传动的布置不同，可将减速器分为_____、_____、_____。

2）按照传动形式的不同，可以将减速器分为_____、_____、_____。

（2）判断题

1）条件抑制命令，如果表达式为"真"（非零值），则该特征被抑制；否则，解除抑制。（　　）

2）减速器是原动机和工作机之间的独立的闭式传动装置，用来降低转速和增大转矩。（　　）

2. 端盖参数化建模

（1）建立表达式 端盖的大径为 $2L$，当 $L < 120mm$ 时，有四个螺纹孔；当 $L > 120mm$，螺纹孔的个数取整"$L/30$"。单击"工具"菜单栏中的"方程式管理器"按钮，设置参数，注意"类型"设为"数字"（图 1-127），注意取整函数 round（）。

减速器箱体端盖参数化建模（1）~（5）

图 1-127　建立表达式

（2）绘制端盖截面草图 选择 XY 平面创建草图，选择"多段线"命令，绘制图 1-128 所示的截面图，注意设定 Y 方向的长度分别为 L 和 $L/2$。选择"链状圆角"命令倒圆角，结果如图 1-129 所示。完成后退出草图。

（3）旋转产生实体 单击"造型"菜单栏中的"旋转"按钮，旋转轮廓选择刚刚绘制的草图，旋转轴为 X 轴，旋转角度为 $0° \sim 360°$（图 1-130）。

（4）绘制螺纹孔定位线 选择图 1-131 所示的平面创建草图，选择"直线"命令，绘制图 1-132 所示的直线，注意直线的长度为 $3L/4$，完成后退出草图。

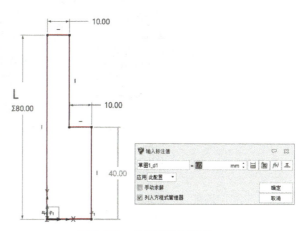

图 1-128　多段线绘制轮廓

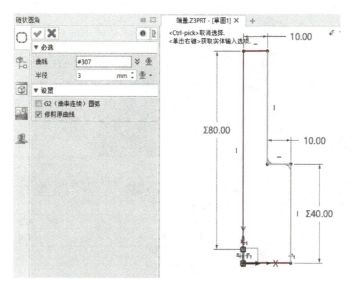

图 1-129　倒圆角

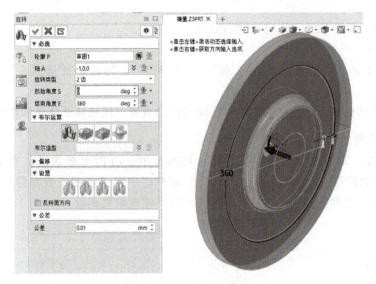

图 1-130　旋转产生实体

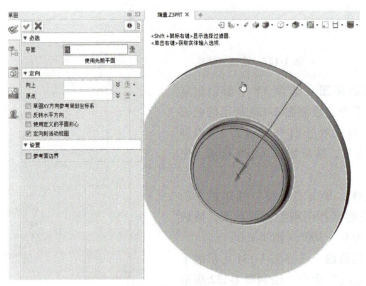

图 1-131　选择草图平面

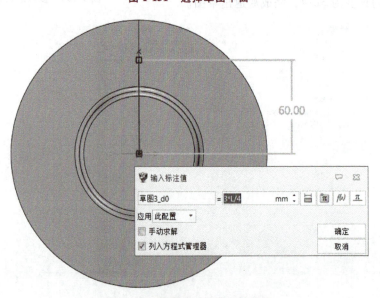

图 1-132　绘制螺纹孔定位线草图

（5）**创建螺纹孔**　单击"造型"菜单栏中的"孔"按钮，设置孔类型为螺纹孔，"位置"选择刚刚绘制的草图的端点，"面"为端盖的一个端面，螺纹尺寸为 M12×1（图 1-133），这个螺纹孔也可以设置为一个参数变量，当圆盘直径大于一定值时，孔的直径也选择大一点的。

单击"造型"菜单栏中的"阵列特征"按钮，选择"圆形阵列"选项，"基体"选择刚刚创建的螺纹孔特征，"方向"为 X 轴正方向，"数目"为"N"，"角度"为"360/N"（图 1-134）。

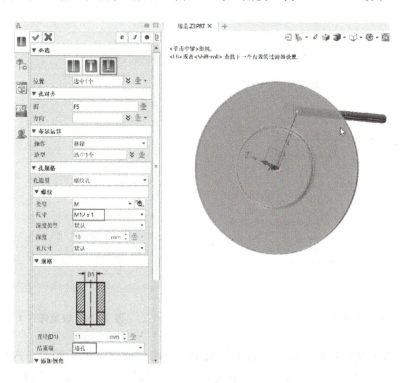

图 1-133　创建单个螺纹孔

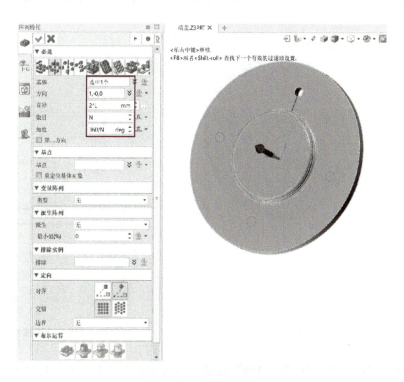

图 1-134　阵列螺纹孔

（6）设置阵列1的条件抑制 在"历史管理器"空白处右击，在弹出的快捷菜单中选择"条件抑制"命令（图1-135）。勾选"阵列1"复选框，勾选"同时选择所有子特征"复选框，在"表达式"中输入"$L>120$"，表示 L 大于120mm时，阵列特征1有效。单击"应用"按钮，单击"确定"按钮退出"条件抑制"对话框（图1-136）。

减速器箱体端盖参数化建模（6）～（8）

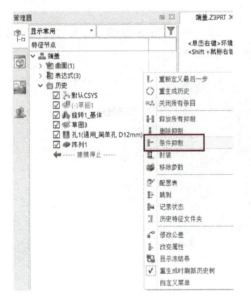

图 1-135 选择"条件抑制"命令

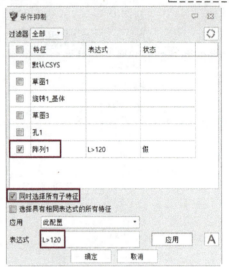

图 1-136 设置阵列1条件抑制

（7）设置阵列2的条件抑制 单击"造型"菜单栏中的"阵列特征"按钮，选择"圆形阵列"选项，"基体"仍然选择孔特征，"方向"为 X 轴正方向，"数目"为"N1"，"角度"为"360/N1"（图1-137）。在"表达式"中输入"$L<120$"，表示 L 小于120mm时，阵列特征2有效（图1-138）。

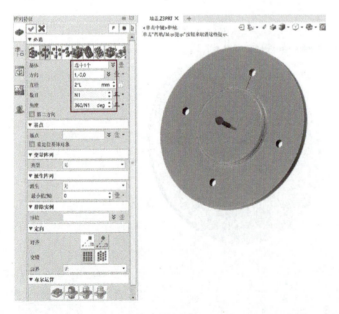

图 1-137 阵列 2

图 1-138 设置阵列2条件抑制

（8）调整表达式"$L=150$"和"$L=100$"验证 端盖上的螺纹孔尺寸、数量可以根据端盖的大小来改变，图1-139所示为 $L=150$mm 时的端盖模型，图1-140所示为 $L=100$mm 时的端盖模型。

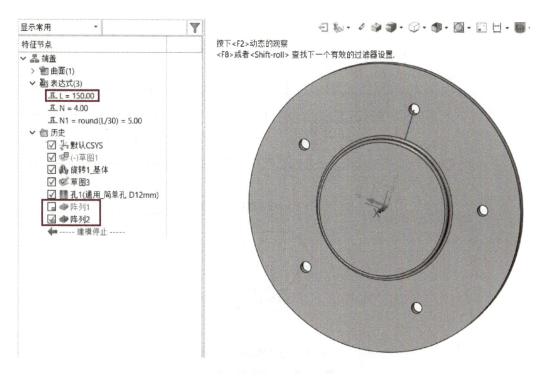

图 1-139 *L* = 150mm 时的端盖模型

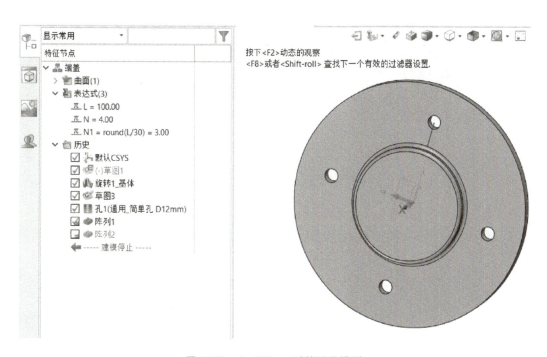

图 1-140 *L* = 100mm 时的端盖模型

温馨提示：

表达式值更改后，要单击"自动生成当前对象"按钮进行刷新。

【课后拓展训练】

创建图 1-141 所示六角盖形螺母（GB/T 923—2009）模型。

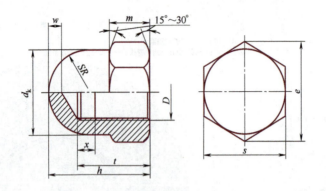

D≤10mm盖形螺母的型式与尺寸

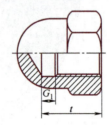

D≥12mm盖形螺母的型式与尺寸

图1-141　六角盖形螺母

模块2

机械产品的参数化设计

教学导航

【教学目标】

- 掌握装配体零件参数化建模方法，能正确分析零件的结构特征和尺寸关系，建立零件间的相互配合关系。
- 掌握参考几何体的应用方法，能正确运用参数关系调整工具设置控制机械产品的装配关系。
- 掌握 Top-Down 建模方法，利用该方法进行装配体建模。

【知识重点】

- 利用参考命令建立零件间的配合关系。
- Top-Down 建模方法中布局的绘制。

【知识难点】

- 模型间参数化参考关系的建立。

【教学方法】

- 线上线下结合，采用任务驱动模式。

【建议学时】

- 4~8 学时。

【项目介绍】

通过对电动机部件进行数字化样机设计，配置参数化驱动模型，学习中望 3D 软件的参数化建模功能，掌握典型机械零件和装配体的参数化设计流程，能够对参数化设计的模型进行装配，培养学生精益求精的专业素养，具备一丝不苟的工匠精神。

学习任务　电动机参数化设计　<<<

【任务描述】

图 2-1 所示的同步电动机，由转子、磁瓦、轴承、前端盖、后端盖几部分组成，适用于各种自动化设备中。设计完成该电动机模型，要求电动机模型随着表达式数值的更改而更改。通过完成电动机参数化建模任务，掌握方程式管理器、参考几何体等工具的使用方法，培养学生分析零件的结构特征和尺寸关系，建立零件参数间的相互关系的能力，能够在三维建模过程中合理使用方程式管理器、参考几何体等工具，理解使用中望 3D 软件进行机械产品参数化建模的基本思路。

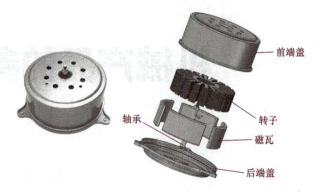

图 2-1　同步电动机

【知识点】

- 布尔运算。
- 阵列特征。
- 参考几何体。
- 方程式管理。

【技能点】

- 能正确分析零件的结构特征和尺寸关系，建立零件间的相互配合关系。
- 能在装配环境中运用草图、参考几何体等命令，创建零部件模型。

【素养目标】

培养学生利用参考命令，按照机械设计规范创建机构中各零件模型的实体建模能力，锻炼综合运用专业知识进行机械产品结构设计、解决实际问题的专业能力，同时养成精益求精的职业素养。

【课前预习】

1. 机械产品结构设计的基本要素

（1）几何要素　机械产品的结构一般是由零件的几何形状和衔接方式决定的，而结构设计的几何要素则由零件的表面来决定。一般情况下，大部分零件都具有较多表面，表面之间的衔接不仅能够决定产品的结构，还对产品的性能具有较大的影响。因此，实现对产品零件几何要素的控制，对结构设计水平的提升起着非常重要的作用。设计人员需要对结构的尺寸误差、外观美感以及衔接位置等几何参数进行充分的考虑与分析，从而创造出具有某一性能的多种结构，为设计人员提供更大的比较空间。

（2）零件衔接　零件的衔接是决定产品结构的重要因素，其不仅应该考虑产品的外观美感，还需要充分结合产品的性能进行分析。产品的性能对零件衔接位置提出了一定的要求，例如，在减速器的设计中，就对零件的衔接位置即传动轴的中心提出了一定的要求，要求传动轴的轴线之间保证平行，传动轴轴线之间的距离也应该满足相关精度要求，这样才能使减速器更好地发挥作用。因此，在结构设计中，对于两个零件的衔接位置，应该从产品结构的整体分析，确保衔接位置不会影响产品的性能与外观。在一般情况下，产品的零件越多，结构设计的难度也就越大，其精度要求也会随之提升。

（3）流程分析　流程分析能够为机械产品结构设计水平的提升提供一定的保障。

首先，设计人员需要对产品的功能进行一定的分解，明确各功能对应的零件形状、大小以及结构等，并对零件进行合理拼接，确定该产品的大概结构。

其次，设计人员需要绘制清晰的产品结构草图，大致确定各零件的尺寸与位置，再组装成一个系统的产品结构，设计人员在绘制草图的过程中，应该注重对常用普通零件的使用，以降低产品的制造难度。

最后，设计人员应该对产品结构进行全面的分析与计算，例如，可以通过改变工作面，以减小结构空间，减少使用材料等。

除此之外，设计人员还需要对产品结构进行更加深入地完善，例如，分析荷载力，优化产品结构，从而降低产品在后期使用过程中的磨损程度，延长产品的使用寿命。

2. 参考几何体

"参考几何体"命令用于将一个装配组件内的点、曲线、边、基准面、造型或者面参考到另一个装配体的组件中。当一个组件需参考另一个组件进行设计时，可使用"参考几何体"命令。例如，一个组件中的法兰周长可参考到另一个组件并用于驱动另一个特征，如图2-2所示。

参考类型可分为以下几类。

（1）参考曲线（3D） 使用此命令创建曲线或边的外部参考，该曲线或边可以存在于激活零件的父对象、子对象或其他组件内，可选择激活零件外部的任意曲线或边，可同时选择多条曲线和/或边。

（2）参考基准面（3D） 使用此命令创建一个基准面的外部参考，该基准面可以位于激活零件的父对象、子对象或其他组件内。

（3）参考点（3D） 使用此命令创建一个点的外部参考，该点可以位于激活零件的父对象、子对象或其他组件内。各选中点将出现三角形参考点符号。此外，还可用新建参考点替代现有参考点。

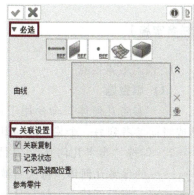

图2-2 "参考几何体"对话框

（4）参考面（3D） 使用此命令创建一个面的外部参考，该面可以位于激活零件的父对象、子对象或其他组件内。

（5）参考造型（3D） 使用此命令创建一个造型的外部参考，该造型可以位于激活零件的父对象、子对象或其他组件内。

在"参考几何体"对话框中有以下可选输入参数选项：

（1）关联复制 勾选该复选框创建与被参考的外部几何体关联的参考几何体。每次当被参考几何体重新生成时，参考几何体都会进行重新评估。取消勾选该复选框，系统只创建一个静态复制的参考几何体。

（2）记录状态 勾选该复选框可记录用于提取参考几何体的零件的历史状态。当重新生成含有时间戳的参考几何体时，被参考的零件会在参考几何体重新评估之前先返回至记录的历史状态。

（3）不记录装配位置 勾选该复选框，参考体的位置为被参考体所在的位置；否则，参考体的位置为被参考体所引用的原始零件的位置。

（4）参考零件 显示所选几何体所在的文件。

3. Top-Down 建模方法

产品设计，尤其是新产品的开发设计是一个复杂的过程，是将产品市场需求映像成产品功能要求，并将产品功能要求映像成几何结构的过程。要实现该过程，首先要分析产品的功能要求，先设计初步方案及其装配结构草图，得到产品的功能概念模型，再对功能概念模型进行分析和计算，确定每个设计参数，将概念模型映像成装配体模型，通过装配体模型传递设计信息，然后各设计小组在此装配体模型的统一控制下，并行地完成各子装配体零部件的详细设计，最后对设计出的产品进行分析，修改不满意之处，直至得到满足功能要求的产品。因此，产品设计需要经过概念设计、功能结构设计、产品详细设计及产品分析等阶段，是一自顶向下（Top-Down）的设计过程，如图2-3所示。

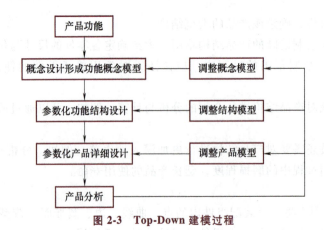

图 2-3　Top-Down 建模过程

【任务实施】

1. 预习效果检查

（1）填空题

1）"参考几何体"命令用于将一个装配组件内的_____、_____、_____、基准面、造型或者面参考到另一个装配体的组件中。

2）勾选"参考几何体"对话框中的"关联复制"复选框，可创建与被参考的外部几何体_____的参考几何体。每次当被参考几何体重新生成时，参考几何体都会进行重新评估。取消勾选该复选框，将只创建一个静态复制的参考几何体。

（2）判断题

1）使用"参考几何体"命令引用曲线创建实体，当原几何体曲线更新时，创建的实体一定随之更新。（　　）

2）"参考几何体"命令可记录用于提取参考几何体的零件的历史状态。当重新生成含有时间戳的参考几何体时，被参考的零件会在参考几何体重新评估之前先返回至记录的历史状态。（　　）

2. 电动机产品结构及尺寸分析

通过对电动机结构（图 2-4）的分析可知，整个电动机由转子、磁瓦、轴承、前端盖、后端盖五大部分组成。转子作为关键零件，其中心孔与轴承之间为孔轴配合，外轮廓与轴瓦同心，因此选择转子为基体设计零件，其他装配零件以转子为基准，当转子参数发生变化时，其他零件参数也相应变化，从而得到新型号的电动机。

3. 电动机产品装配体建模

新建"零件/装配"，命名为"电动机"，如图 2-5 所示。

图 2-4　电动机结构

图 2-5　新建电动机装配模型

用户在使用中望 3D 软件新建文件前，可选择"实用工具"菜单栏中的"配置"命令，在"配置"对话框（图 2-6）中，取消勾选"单文件单对象（新建文件）"复选框，这样方便在建模时将所有模型都保存在一个文件中。

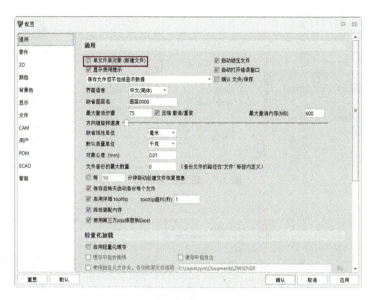

图 2-6 "配置"对话框

4. 电动机转子建模过程

1）单击"装配"菜单栏中的"插入新组件"按钮，在弹出的对话框中将新组件命名为"转子"，如图 2-7 所示。

2）单击"工具"菜单栏中的"方程式管理器"按钮，在弹出的"方程式管理器"对话框中插入需要编程的参数，如图 2-8 所示。需要注意的是，设置参数时，每输入一次名称和表达式，单击一次"√"按钮，且"类型"设置为"数字"。

3）使用"基准面"命令创建基准面，选择 XY 平面，设置"偏移"为"表达式"中的"空芯转子片数量"，如图 2-9 所示。

图 2-7 新建组件转子

4）使用"基准面"命令创建基准面，选择 XY 平面，设置"偏移"为"表达式"中的"十字芯转子片数量"，注意为负值，如图 2-10 所示。

名称	表达式	值	单位	类型
▽ 🔲 转子				
Ⅱ T	1	1		数字
Ⅱ 空芯转子片数量	15	15		数字
Ⅱ 十字芯转子片数量	20	20		数字
Ⅱ 外圈直径	120	120		数字
Ⅱ 内圈直径	10	10		数字
Ⅱ 芯槽角度	15	15		数字

图 2-8 表达式列表

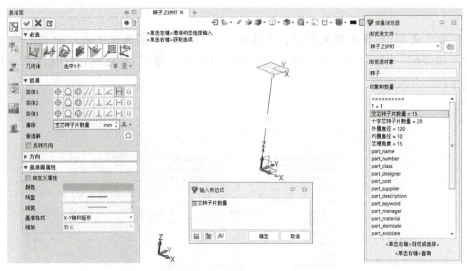

图 2-9　建立上基准面

图 2-10　建立下基准面

5）选择 XY 平面创建草图，选择"圆"命令，在坐标系原点上用表达式的方式绘制 ϕ120mm 圆。需要注意的是，在对尺寸进行标注时，选择"表达式"选项，选择前面设置的参数变量，如图 2-11 所示。

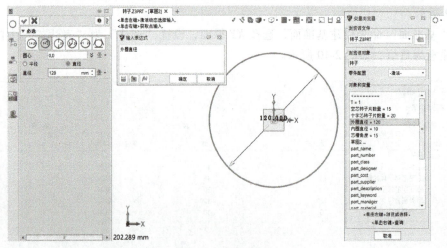

图 2-11　绘制外圆

6）选择"拉伸"命令，选择上一步绘制的草图，设置"拉伸类型"为1边，"结束点"为"表达式"中的转子单片厚度"T"，如图2-12所示。

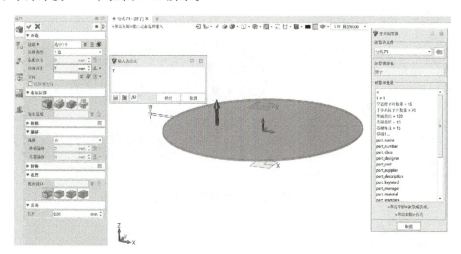

图 2-12　拉伸模型

7）选择转子单片上表面绘制草图，可以先水平绘制芯槽的一条边，该也与 X 轴平行且相距 2mm，再绘制另一条与该边夹角为15°的边，如图2-13所示。

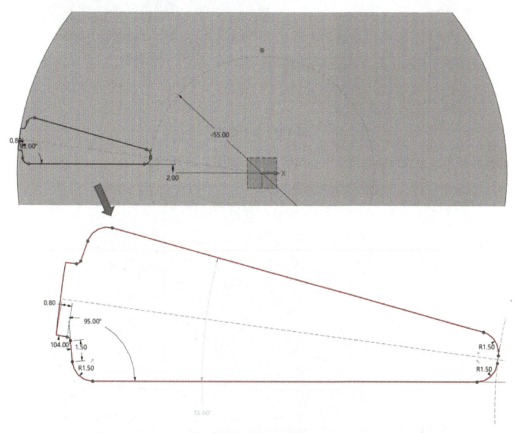

图 2-13　芯槽草图

8）选择"拉伸"命令，选择上一步绘制的草图，选择"拉伸类型"为"1边"，穿过所有面，"布尔运算"为减运算修剪实体，如图2-14所示。

9）选择基础编辑，选择"阵列"命令，设置"类型"为环形阵列，"基体"选择上一步建模过程中的拉伸切除体，"方向"选择 Z 轴正方向，"角度"为18°，"数目"为"20"，如图2-15所示。

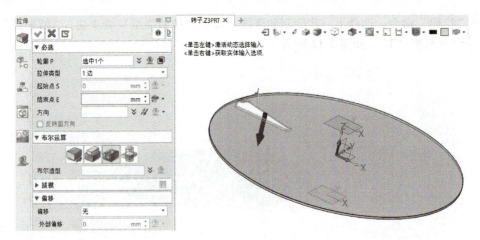

图 2-14　拉伸切除芯槽

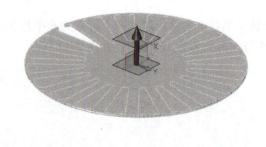

图 2-15　阵列芯槽

10）选择转子单片上表面绘制转子中心凹槽草图，如图 2-16 所示。

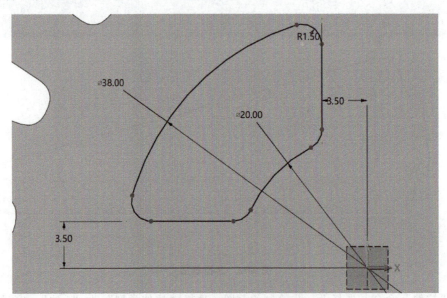

图 2-16　绘制转子中心凹槽草图

11）选择"拉伸"命令，选择上一步绘制的草图，选择"拉伸类型"为"1 边"，穿过所有面，"布尔运算"为减运算修剪实体，如图 2-17 所示。

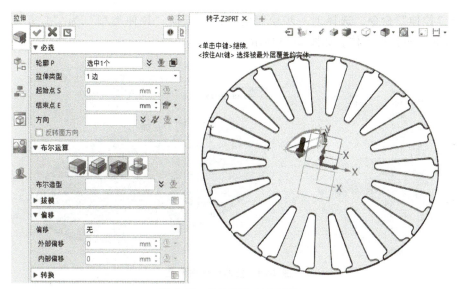

图2-17　拉伸切除中心凹槽

12）选择基础编辑，选择"阵列"命令，选择阵列类型为环形阵列，设置"角度"为90°，"数目"为"4"，如图2-18所示。

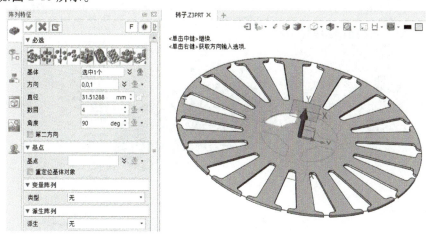

图2-18　阵列中心凹槽

13）选择 XY 平面绘制草图。选择"圆"命令，在原点上用表达式的方式绘制 ϕ10mm 圆，如图2-19所示。

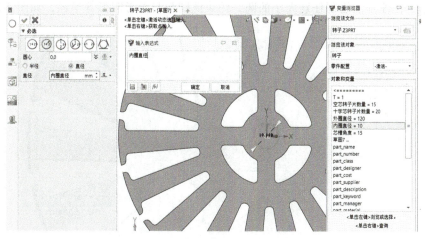

图2-19　绘制内圆草图

14）选择"拉伸"命令，选择上一步绘制的草图，选择"拉伸类型"为"1 边"，穿过所有面，"布尔运算"为减运算修剪实体，如图 2-20 所示。

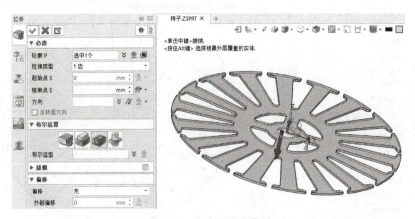

图 2-20　拉伸切除内圆孔

15）选择基础编辑，选择"复制"命令，选择复制类型为沿方向复制，"方向"选择 Z 轴正方向，"距离"选择"表达式"中的"T"，如图 2-21 所示。

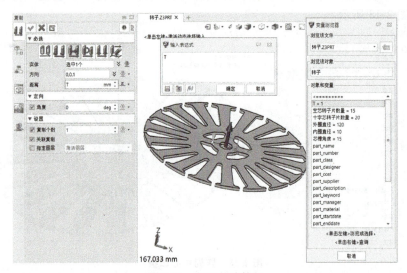

图 2-21　复制单片转子

16）选择 XY 平面绘制草图，选择"参考"命令，旋转前面绘制的 φ38mm 圆弧，如图 2-22 所示，选择"圆"命令，在原点上绘制任意大小的圆，约束此圆弧与参考圆弧等半径，如图 2-23 所示。

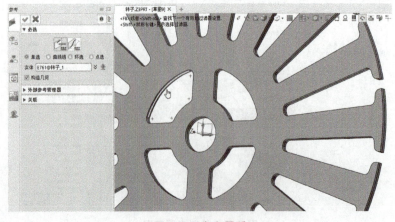

图 2-22　参考圆弧

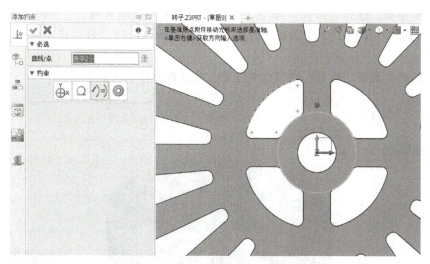

图 2-23　复制后在转子中心孔绘制草图

17）选择"拉伸"命令，选择上一步绘制的草图，选择"拉伸类型"为"2 边"，"布尔运算"为减运算修剪实体，如图 2-24 所示。

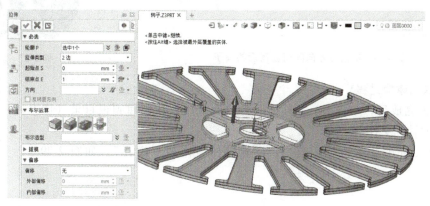

图 2-24　拉伸切除复制后的转子

18）选择基础编辑，选择"阵列"命令，选择阵列类型为线型阵列，"方向"选择 Z 轴正方向，"数目"选择"表达式"中的"空芯转子片数量"，"间隔"选择"表达式"中的"T"，如图 2-25 所示。

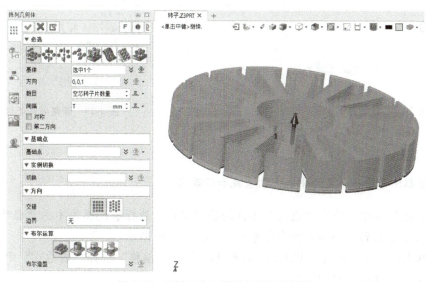

图 2-25　Z 轴正方向阵列复制后的转子

19）选择基础编辑，选择"阵列"命令，选择阵列类型为线型阵列，"方向"选择 Z 轴负方向，"数目"选择"表达式"中的"十字芯转子片数量"，"间隔"选择"表达式"中的"T"，如图 2-26 所示。

20）转子的数量会跟着"数目"的变化而变更，完成新的转子（图 2-27）。

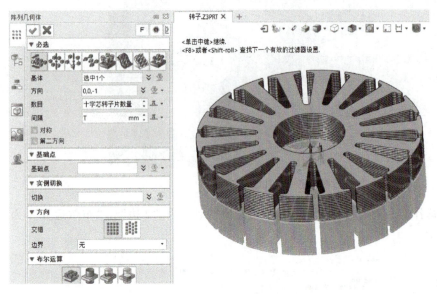

图 2-26 Z 轴负方向阵列复制后的转子

图 2-27 转子建模完成

5. 电动机磁瓦建模过程

1）转子建模完成后，单击 DA 工具栏上的"退出"按钮，回到根目录（图 2-28），创建新的轴瓦文件。

2）在"插入新建组件"对话框中，设置零件名称为"磁瓦"。如图 2-29 所示。

电动机磁瓦
建模过程

图 2-28 退出转子建模

图 2-29 新建磁瓦组件

温馨提示：

将所有模型都保存在一个文件中，方便查找和修改文件。

3）双击"磁瓦"零件，开始"磁瓦"零件的建模操作。选择装配模块中的"参考"命令，选择参考类型为参考面，选择转子外圆面作为参考平面，如图 2-30 所示。

4）使用"基准面"命令创建上基准面，选择 XY 平面，"偏移"选择"表达式"中的"[转子：空芯转子片数量]+6.5"，如图 2-31 所示。

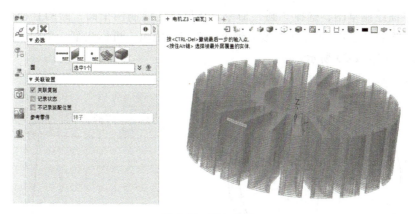

图 2-30 引入参考

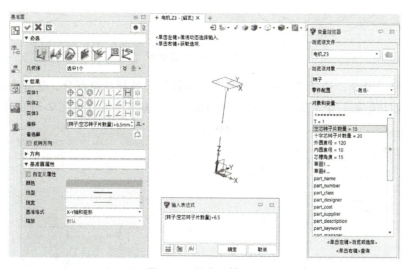

图 2-31 创建上基准面

5) 使用"基准面"命令创建下基准面,选择 XY 平面,"偏移"选择"表达式"中的"-[转子:十字芯转子片数量]-1.5",如图 2-32 所示。

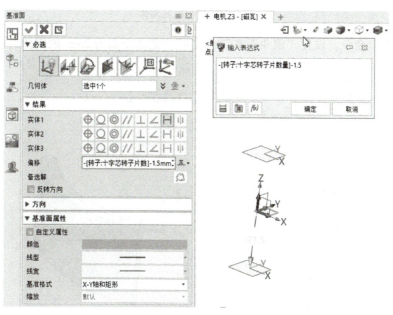

图 2-32 创建下基准面

6）选择 *XY* 平面绘制草图，选择"圆"命令，在原点上绘制两个圆，圆的直径超过参考面尺寸即可（注意不要标注圆的尺寸），先标注参考面到第一个圆的距离，再标注第一个圆与第二个圆之间的距离，完成退出草图，如图 2-33 所示。

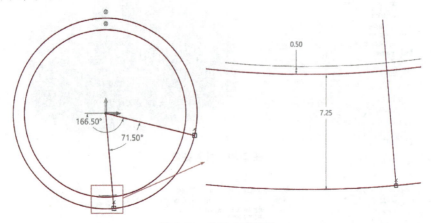

图 2-33　绘制磁瓦草图

7）选择"拉伸"命令，选择"拉伸类型"为区域拉伸，选择高亮部分，选择两边，"起始点"选择"到面"，选择创建的第一个平面，"结束点"选择第二个基准平面，如图 2-34 所示。

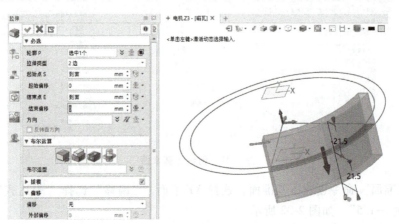

图 2-34　拉伸磁瓦实体

8）选择"倒角"命令，设置"倒角距离"为"2"，创建距离为 2mm 的倒角（图 2-35）。

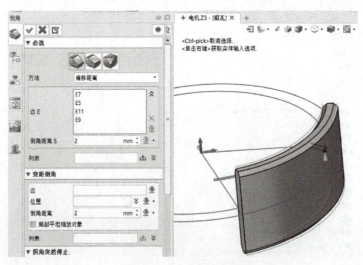

图 2-35　磁瓦边缘倒角

9）选择基础编辑，选择"阵列几何体"命令，选择阵列类型为环形阵列，"角度"输入"90"，"数目"输入"4"，完成磁瓦建模，如图 2-36 所示。

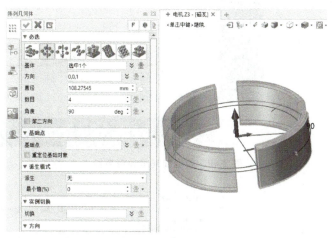

图 2-36　阵列磁瓦

6. 电动机前端盖建模过程

电动机前端盖
建模过程

1）创建完磁瓦零件，单击 DA 工具栏上的"退出"按钮，回到根目录，创建前端盖。在"插入新建组件"对话框中设置零件名称为"前端盖"，如图 2-37 所示。双击前端盖，对前端盖零件进行建模。

2）选择装配模块中的"参考"命令，选择参考类型为参考面，选择轴瓦的上、下端面及外圆面作为参考平面，如图 2-38 所示。

图 2-37　新建前端盖零件

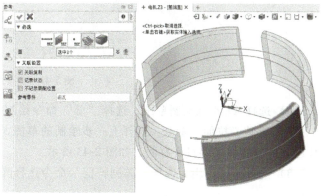

图 2-38　引入参考

3）使用"基准面"创建基准面，选择基准面类型为与平面成角度，选择"面"为 XZ 平面，"轴"为 Z 轴，"角度"为 -45°，如图 2-39 所示。

4）选择刚刚创建的平面绘制草图，选择"多段线"命令和"倒圆角"命令绘制图 2-40 所示轮廓线，需要注意的是，其中一条水平线与引入的上参考平面共线。完成绘制后退出草图。

5）选择"旋转"命令，选择刚刚绘制的草图进行旋转，旋转轴为 Z 轴，旋转 360°，在"偏移"类型中选择"加厚"，向外部偏移 2mm，如图 2-41 所示。

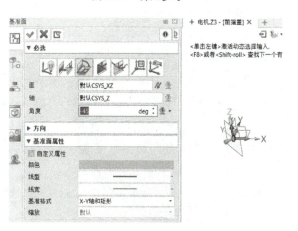

图 2-39　创建基准面

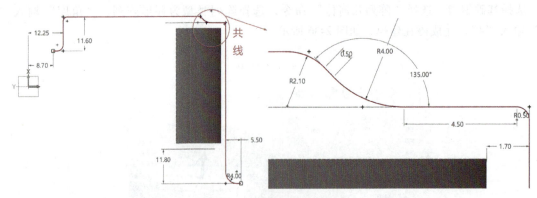

图 2-40　绘制前端盖外形草图

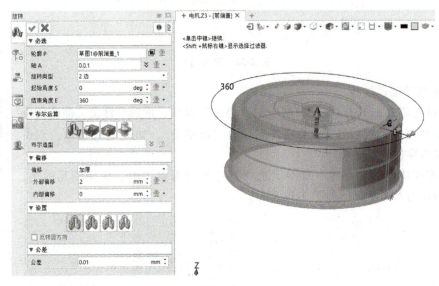

图 2-41　旋转生成实体

6）选择 *XY* 平面绘制草图，选择"圆"命令绘制 φ9mm 圆，如图 2-42 所示。

7）选择"拉伸"命令，选择上一步绘制的草图，选择"拉伸类型"为"1 边"，"布尔运算"为减运算修剪实体，穿过所有面，如图 2-43 所示。

8）选择基础编辑，选择"阵列特征"命令选择阵列类型为环形阵列，选择刚刚拉伸的孔，"角度"

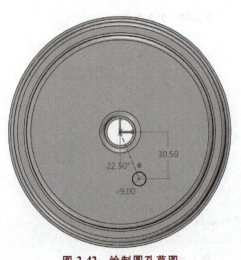

图 2-42　绘制圆孔草图

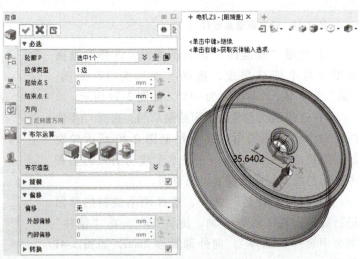

图 2-43　拉伸切除孔特征 1

输入"45"，"数目"输入"8"，如图 2-44 所示。

9）选择 XY 平面绘制草图，选择"圆"命令绘制 φ5mm 圆，如图 2-45 所示。

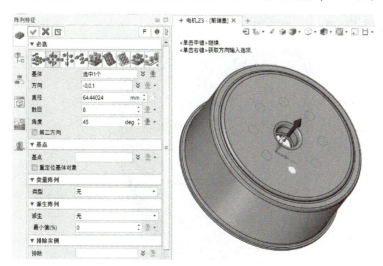

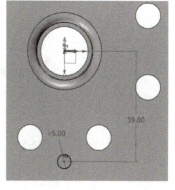

图 2-44　阵列孔特征 1　　　　　　　　图 2-45　绘制 φ5mm 圆孔草图

10）同样选择"拉伸"命令，选择上一步绘制的草图，选择"拉伸类型"为"1 边"，"布尔运算"为减运算修剪实体，穿过所有面，如图 2-46 所示。

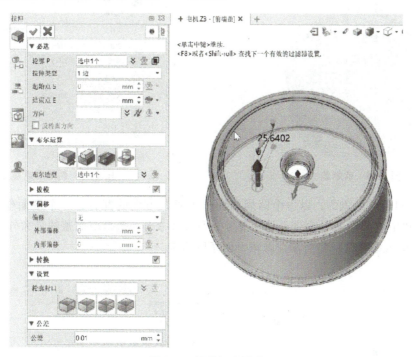

图 2-46　拉伸切除圆孔

11）选择基础编辑，选择"阵列特征"命令选择阵列类型为环形阵列，选择刚刚拉伸的孔，"角度"输入"90"，"数目"输入"2"，如图 2-47 所示。前端盖建模完成的效果如图 2-48 所示。

7. 电动机后端盖建模过程

1）前端盖创建完成后，单击 DA 工具栏上面的"退出"按钮，回到根目录，创建后端盖。在"插入新建组件"对话框中设置零件名称为"后端盖"，如图 2-49 所示。双击后端盖，对后端盖零件进行建模。

电动机后端盖
建模过程
1）~25）

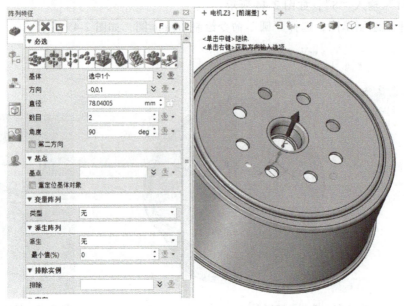

图 2-47　阵列圆孔特征

图 2-48　前端盖

图 2-49　新建后端盖组件

2）后端盖是包着前端盖的，以一个圆周曲面作为直径方向的配合，一个端面作为轴向的定位配合。选择装配模块中的"参考"命令，选择参考类型为参考面，选择前端盖的最大外圆作为参考曲面，如图 2-50 所示。引入参考后，将前端盖隐藏，创建后端盖。

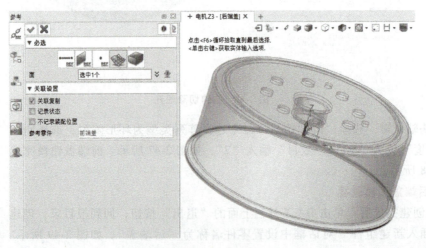

图 2-50　参考曲面

3）选择 *XZ* 平面绘制草图，选择"多段线"命令和"倒圆角"命令绘制图 2-51 所示的轮廓线，注意多段线的最左端点与 *Z* 轴共线，右上角的水平线和垂直线分别与参考曲面的最大轮廓线和端面共线。曲线草图尺寸如图 2-52 所示，完成绘制后退出草图。

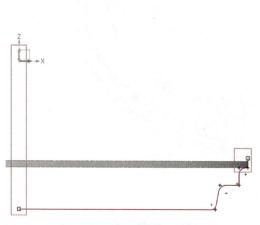

图 2-51　草图轮廓定位关系

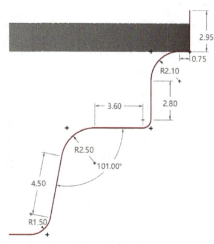

图 2-52　曲线草图尺寸

4）将参考曲面隐藏，选择"旋转"命令，选择刚刚绘制的草图，选择旋转轴为 *Z* 轴，旋转 360°，选择"偏移"类型为"加厚"，向外部偏移 2mm，如图 2-53 所示。

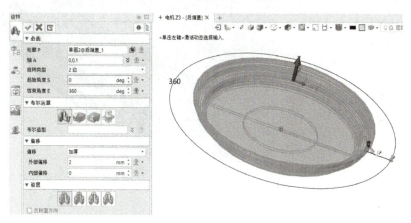

图 2-53　选择建模实体

5）选择后端盖的最上表面绘制草图（图 2-54），利用"直线""圆弧""倒圆角"命令绘制图 2-55 所示轮廓线，注意参考端面内圈圆弧。完成绘制后退出草图。

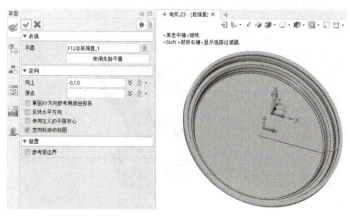

图 2-54　选择草图平面

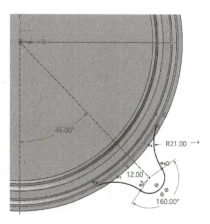

图 2-55　绘制草图

6）选择"拉伸"命令，选择上一步绘制的草图，选择封闭区域，选择"拉伸类型"为"1 边"，"结束点"为台阶面的延伸面，"布尔运算"创建实体，如图 2-56 所示。

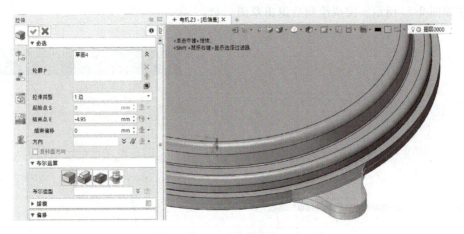

图 2-56　拉伸实体

7）由于上一步创建的是搭子的内腔，外形与之类似，因此选择"复制"命令，原位复制一个搭子，如图 2-57 所示。

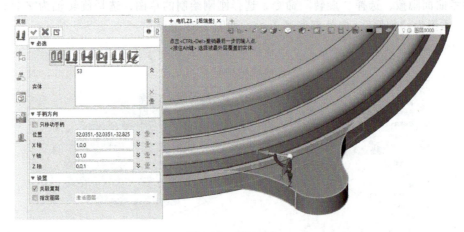

图 2-57　复制实体

8）选择编辑模型菜单中的"面偏移"命令，将复制体外圈的 3 个面偏移 2mm（图 2-58）。

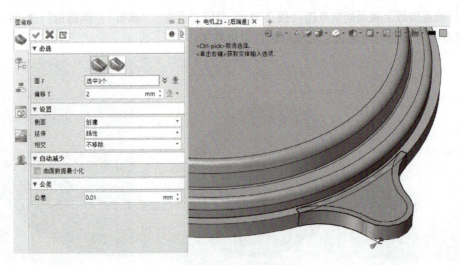

图 2-58　面偏移侧面

9）再次选择编辑模型菜单中的"面偏移"命令，将原来搭子的上表面向下偏移 2mm（图 2-59）。

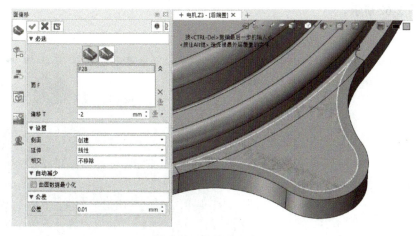

图 2-59 面偏移上表面

10）选择基础编辑，选择"阵列几何体"命令，选择阵列"基体"为复制体和原体，选择阵列类型为环形阵列，"角度"输入"120"，"数目"输入"3"，如图 2-60 所示。

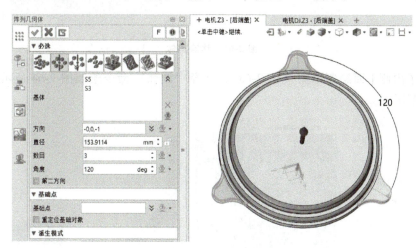

图 2-60 阵列实体

11）选择编辑模型菜单中的"添加实体"命令，选择"基体"为中间的回转体，添加三个复制体，如图 2-61 所示。

图 2-61 添加实体

12）选择编辑模型菜单中的"移除实体"命令，选择"基体"为刚刚合并的实体，选择"移除"为三个原体，如图 2-62 所示。

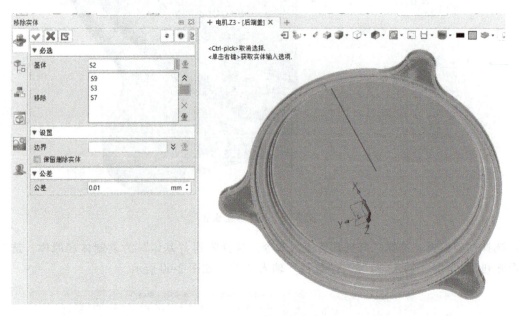

图 2-62　移除实体

13）选择搭子内侧平面绘制草图（图 2-63），选择"圆弧"命令绘制图 2-64 所示 ϕ4.4mm 圆弧。完成绘制后退出草图。

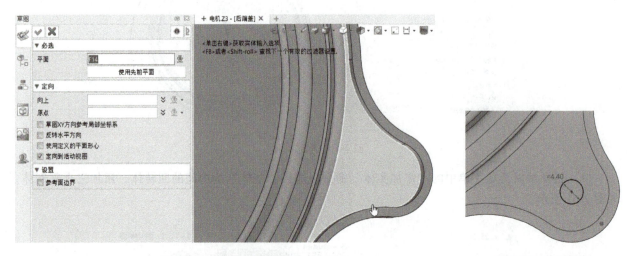

图 2-63　选择草图绘制面　　　　　　　　　图 2-64　草图轮廓

14）选择"拉伸"命令，选择上一步绘制的草图，选择"拉伸类型"为"1 边"，"布尔运算"为减运算修剪实体，穿过所有面，如图 2-65 所示。

15）选择基础编辑，选择"阵列特征"命令，选择阵列类型为环形阵列，选择阵列"基体"为刚刚拉伸切除的孔，选择"方向"与 Z 轴同向，"角度"输入"120"，"数目"输入"3"，如图 2-66 所示。

16）再次选择搭子的内侧平面绘制草图，选择"圆弧"命令绘制图 2-67 所示 ϕ5.6mm 圆弧。完成绘制后退出草图。

17）选择"拉伸"命令，选择上一步绘制的草图及孔的边界曲线，选择"拉伸类型"为"1 边"，"布尔运算"为对基体，"结束点"距离为"1.5"，如图 2-68 所示。

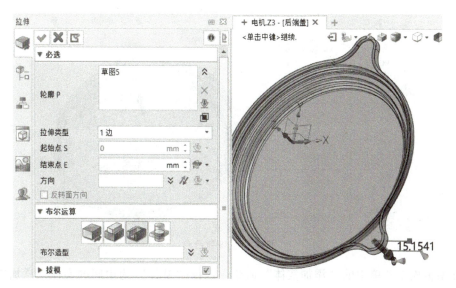

图 2-65　拉伸切除孔

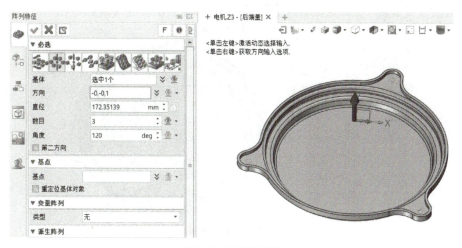

图 2-66　阵列孔特征

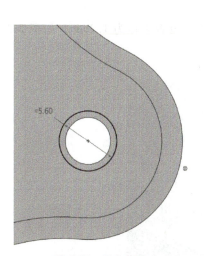

图 2-67　凸台草图

图 2-68　拉伸凸台

18）选择基础编辑，选择"阵列特征"命令，选择阵列类型为环形阵列，选择阵列"基体"为刚刚创建的凸台，选择方向与 Z 轴同向，"角度"输入"120"，"数目"输入"3"，如图 2-69 所示。

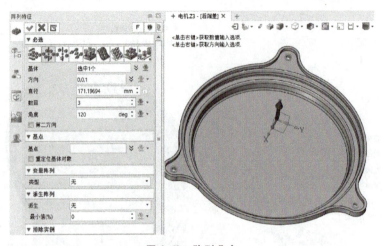

图 2-69　阵列凸台

19）选择编辑模型菜单中的"添加实体"命令，选择"基体"为中间的实体，添加三个凸台，如图 2-70 所示。

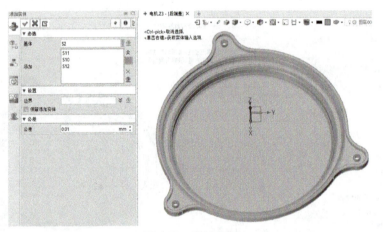

图 2-70　添加实体

20）选择工艺特征，选择"圆角"命令，选择三个凸台的根部圆弧，设置半径为 0.2mm，如图 2-71 所示。

21）选择工艺特征，选择"圆角"命令，选择三个孔的孔口圆弧，设置半径为 1.2mm，如图 2-72 所示。

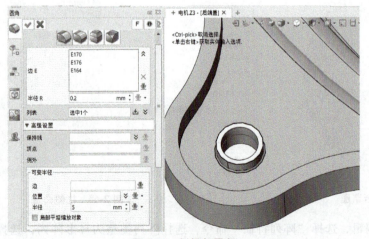

图 2-71　倒根部圆角

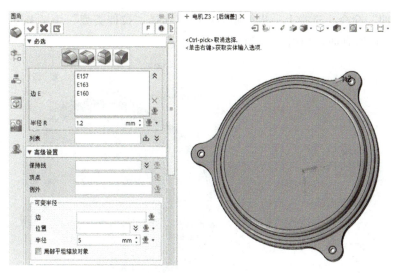

图 2-72 倒孔口圆角

22）选择实体，将颜色统一更改为金黄色，如图 2-73 所示。

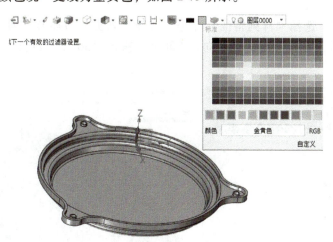

图 2-73 改变实体颜色

23）选择后端盖的最下表面创建草图（图 2-74），选择"圆弧"命令绘制图 2-75 所示 ϕ7mm 圆弧。完成绘制后退出草图。

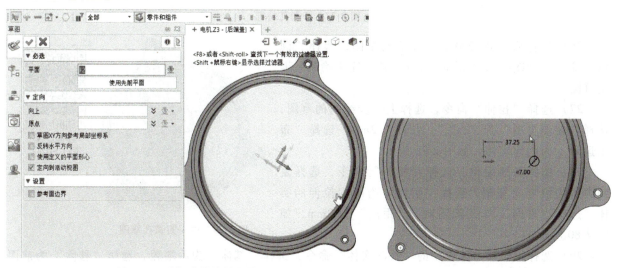

图 2-74 选择草图绘制平面   图 2-75 绘制草图

24）选择"拉伸"命令，选择上一步绘制的草图，选择"拉伸类型"为"1 边"，"布尔运算"为减运算修剪实体，穿过所有面，如图 2-76 所示。

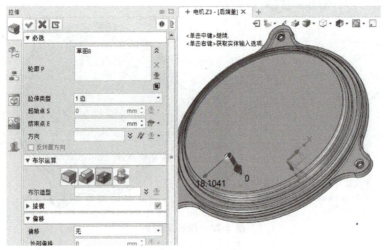

图 2-76　绘制草图

25）选择基础编辑，选择"阵列特征"命令，选择阵列类型为环形阵列，选择阵列"基体"为刚刚拉伸的凸台，选择"方向"与 Z 轴同向，"角度"输入"36"，"数目"输入"10"，如图 2-77 所示。

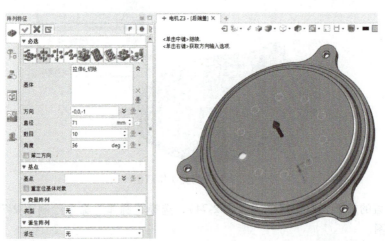

图 2-77　阵列孔特征

26）选择后端盖的最下表面绘制草图，选择"圆弧"命令绘制图 2-78 所示 φ52mm 圆弧。完成绘制后退出草图。

27）选择"拉伸"命令，选择上一步绘制的草图，选择"拉伸类型"为"1 边"，拉伸 1.2mm，选择"布尔运算"为创建实体，如图 2-79 所示。

28）选择基础编辑，选择"复制"命令，选择复制类型为沿方向复制，选择"实体"为刚刚拉伸的实体，选择"方向"与 Z 轴同向，"距离"为 2mm，如图 2-80 所示。

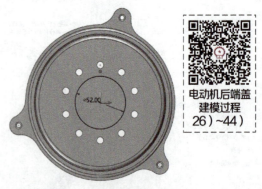

电动机后端盖建模过程26）~44）

图 2-78　中间圆弧孔草图

29）选择编辑模型菜单中的"移除实体"命令，选择"基体"为后端盖，选择"移除"为前面拉伸的实体，如图 2-81 所示。

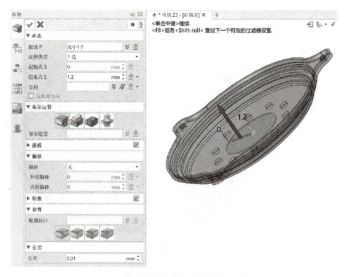

图 2-79　拉伸实体

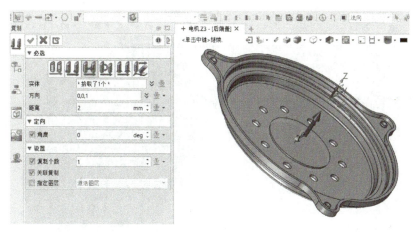

图 2-80　复制实体

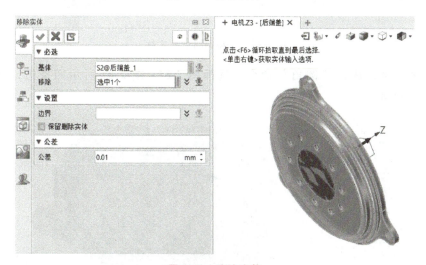

图 2-81　移除实体

30）选择编辑模型菜单中的"面偏移"命令，将复制体的外圈面偏移 2mm（图 2-82）。

31）选择编辑模型菜单中的"添加实体"命令，选择"基体"为中间的实体，选择"添加"为偏移过的实体，如图 2-83 所示。

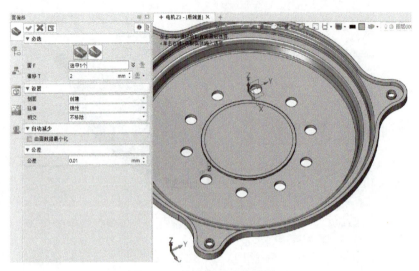

图 2-82　偏移复制体外圆柱面

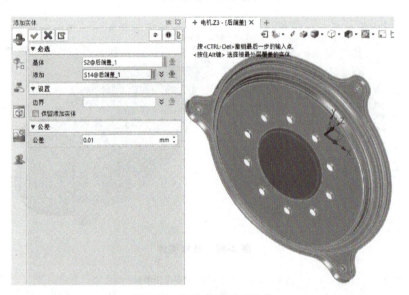

图 2-83　添加偏移过的实体

32）选择工艺特征，选择"圆角"命令，选择图 2-84～图 2-87 所示四条边，分别倒 0.5mm、7mm、1mm、6mm 的圆角。

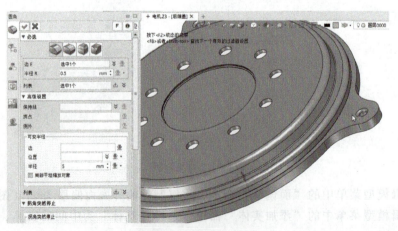

图 2-84　倒 0.5mm 圆角

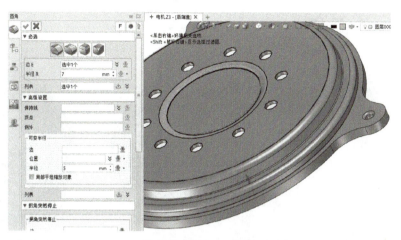

图 2-85 倒 7mm 圆角

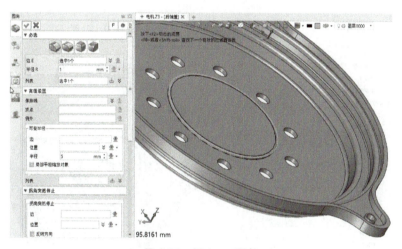

图 2-86 倒 1mm 圆角

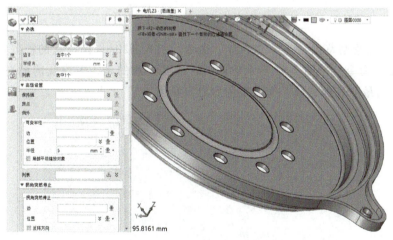

图 2-87 倒 6mm 圆角

33）选择后端盖的最下表面绘制草图（图 2-88），选择"圆弧"命令绘制图 2-89 所示 $\phi 20$mm 圆弧。完成绘制后退出草图。

34）选择"拉伸"命令，选择上一步绘制的草图，选择"拉伸类型"为"1 边"，选择"结束点"为"穿过所有"，选择"布尔运算"为减运算，如图 2-90 所示。

<table>
<tr><td>图 2-88　草图绘制平面</td><td>图 2-89　绘制圆孔草图</td></tr>
</table>

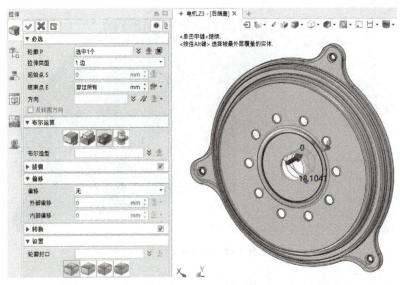

图 2-90　拉伸切除孔

35）选择 *XZ* 平面绘制草图，选择"参考"命令，引入 φ20mm 圆柱孔的极限素线。选择"多段线"命令和"圆弧"命令绘制图 2-91 所示轮廓线，需要注意的是，多段线的最左端点与 *Z* 轴共线，最下直线与后端盖的最下表面共线。完成绘制后退出草图。

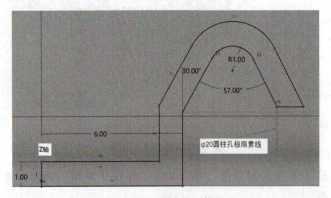

图 2-91　中间凸台草图

36）选择"旋转"命令，选择刚刚绘制的草图进行旋转，设置旋转轴为 *Z* 轴，旋转 360°，选择"布尔运算"为加运算，如图 2-92 所示。

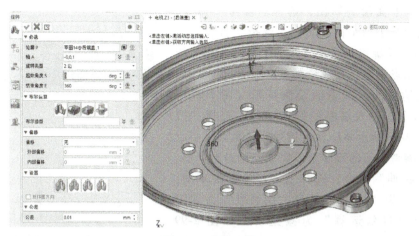

图 2-92　旋转实体

37）选择工艺特征，选择"圆角"命令，选择图 2-93 和图 2-94 所示三条边，倒 1.5mm 和 0.5mm 的圆角，如图 2-95 所示。

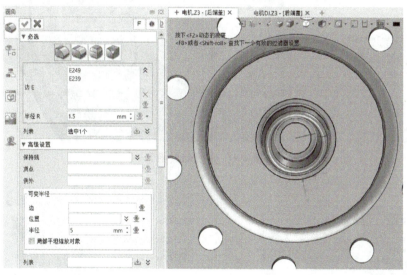

图 2-93　倒 1.5mm 圆角 1

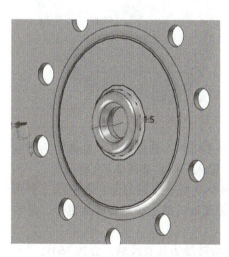

图 2-94　倒 1.5mm 圆角 2

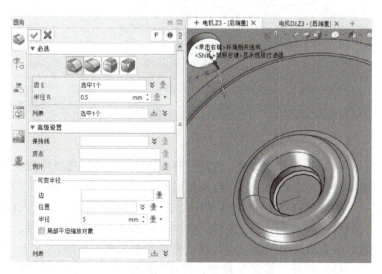

图 2-95　倒 0.5mm 圆角

38）选择 YZ 平面绘制草图，选择"参考"命令，引入后端盖外侧凹下去的平面投影线。选择"直线"命令绘制图 2-96 所示轮廓线，注意直线的上端点与参考线平齐，下端点与原点平齐。完成绘制退出草图。

39）选择后端盖的内凹表面绘制草图（图 2-97），选择"参考"命令，引入刚刚绘制的直线。选择"圆弧"命令绘制图 2-98 所示 $\phi7.5mm$ 圆弧，注意圆弧中心就在刚刚绘制的参考直线的投影上。完成绘制退出草图。

40）选择"拉伸"命令，选择上一步绘制的草图，选择"拉伸类型"为"1 边"，选择"结束点"为"穿过所有"，选择"布尔运算"为减运算，如图 2-99 所示。

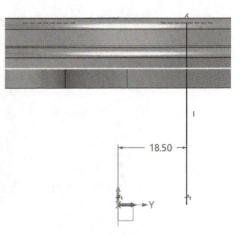

图 2-96 绘制参考线草图

图 2-97 草图绘制平面

图 2-98 绘制圆孔草图

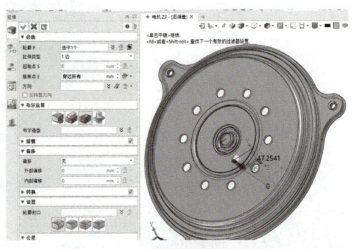

图 2-99 拉伸切除孔

41）选择基础编辑，选择"阵列特征"命令，选择阵列类型为环形阵列，选择阵列"基体"为刚刚拉伸的孔，选择"方向"与 Z 轴同向，"角度"输入"90"，"数目"输入"4"，如图 2-100 所示。

42）选择 YZ 平面绘制草图，选择"参考"命令，引入前面两个草图中绘制的圆孔和直线。利用"多段线""倒圆角""偏移"命令绘制图 2-101 所示轮廓线，注意轮廓线的最上端与参考线重合，最右侧的垂直线与另一条直线共线。完成绘制后退出草图。

43）选择"旋转"命令，选择刚刚绘制的草图进行旋转，设置旋转轴为长直线轴，旋转 360°，"布尔运算"为加运算，如图 2-102 所示。

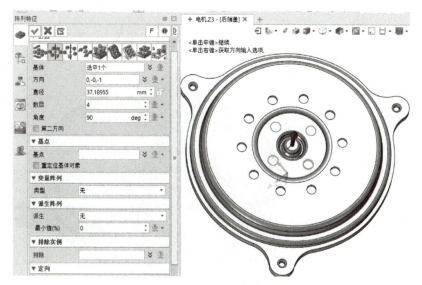

图 2-100 阵列孔

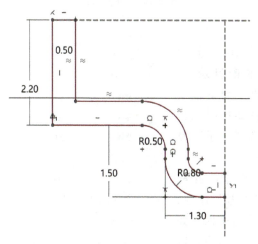

图 2-101 绘制草图轮廓线

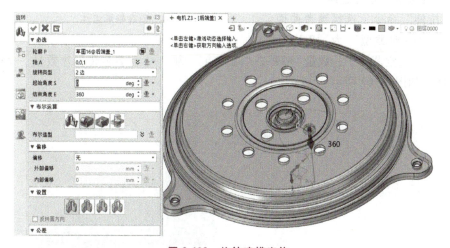

图 2-102 旋转建模实体

44）选择基础编辑，选择"阵列特征"命令，选择阵列类型为环形阵列，选择阵列"基体"为刚刚旋转创建的实体，选择"方向"与 Z 轴同向，"角度"输入"90"，"数目"输入"4"，如图 2-103 所示。

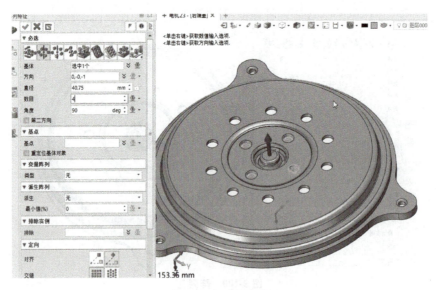

图 2-103　阵列凸台

8. 电动机轴承建模过程

1）转子创建完成后，单击 DA 工具栏上面的"退出"按钮，回到装配目录下，创建轴承。在"插入新建组件"对话框中设置零件名称为"轴承"，如图 2-104 所示。

2）在装配管理器中，勾选"转子"复选框（图 2-105），双击"轴承"。

3）由于轴承与转子之间以中心孔配合，因此选择装配模块中的"参考"命令，选择转子的中心孔圆柱面作为参考平面，如图 2-106 所示。完成参考曲面的引入后，取消选择"转子"复选框，方便建模。

4）选择"拉伸"命令，选择参考曲面的上边界，选择"拉伸类型"为"2 边"，选择"起始点"为"［空芯转子片数量］+27"，"结束点"为"−［十字芯转子片数量］−25"，"布尔运算"为创建实体，如图 2-107 所示。

图 2-104　新建轴承组件

电动机轴承建模过程

图 2-105　勾选"转子"复选框

图 2-106 选择参考曲面

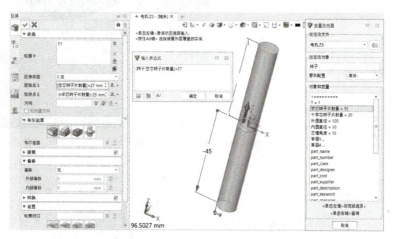

图 2-107 拉伸实体

5）选择工程特征，选择"标记外部螺纹"命令，选择刚刚拉伸的外圆柱面，螺纹"尺寸"为"M5×0.8"，螺纹"长度"为"5.3"，勾选"端部倒角"复选框，设置"倒角距离"为"0.4"，"角度"为45°，如图 2-108 所示。

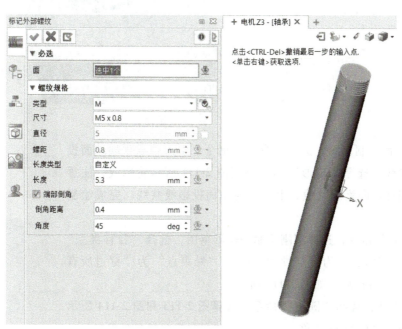

图 2-108 标记外部螺纹

6）选择工艺特征，选择"圆角"命令，选择图 2-109 和图 2-110 所示两条边，倒 0.4mm 和 1mm 圆角。

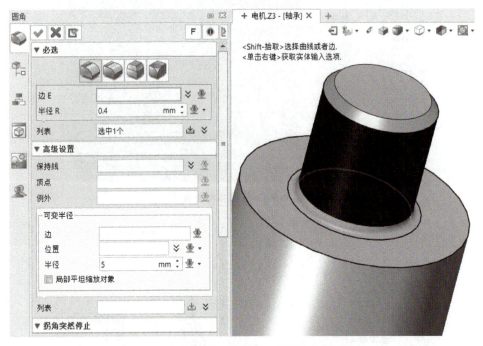

图 2-109　倒 0.4mm 圆角

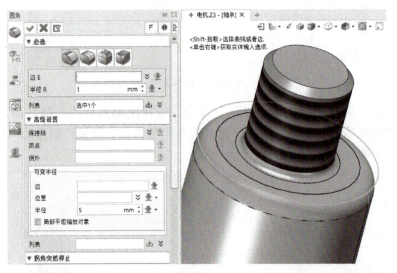

图 2-110　倒 1mm 圆角

7）选择 YZ 平面绘制草图，选择"参考"命令，引入轴承顶端端面投影线及圆柱极限素线。选择"矩形"命令绘制图 2-111 所示轮廓线，注意矩形的左竖线与圆柱极限素线共线，上横线与端面投影线共线。完成绘制后退出草图。

8）选择"拉伸"命令，选择刚刚绘制的矩形草图，选择"拉伸类型"为"2 边"，选择"起始点"为"穿过所有面"，"结束点"为"穿过所有面"，"布尔运算"为减运算，如图 2-112 所示。

9）选择工艺特征，选择"圆角"命令，选择图 2-113 和图 2-114 所示两条边，倒 0.15mm 和 0.5mm 圆角。

图 2-111　矩形草图

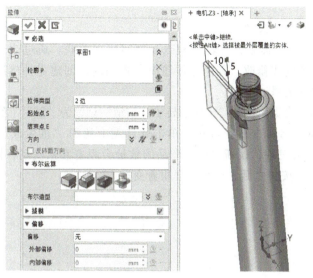

图 2-112 拉伸切除

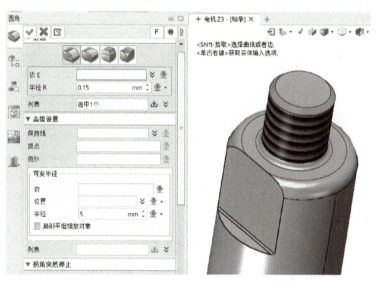

图 2-113 倒 0.15mm 圆角

单击 DA 工具栏上的"退出"按钮，回到装配目录下，勾选所有组件，电动机部件建模完成，如图 2-115 所示。

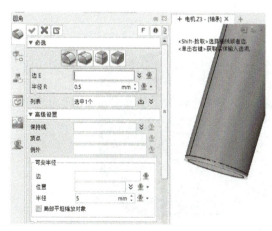

图 2-114 倒 0.5mm 圆角

图 2-115 完成电动机模型的创建

修改模型

9. 修改模型

修改参数变量，可修改模型尺寸。

1）选择装配中的"参考"命令，使转子和磁瓦之间建立关联。通过改变转子表达式数值，实现关联零件的同步修改。其他零件建模方式相同，创建零件然后逐级参考，以建立零件之间的关联关系。

2）双击变量参数，输入参数值，将"十字芯转子片数量"修改为"25"（图 2-116）。可以看到管理器里面的模型名称变成了红色，单击软件左上角的"重生成"按钮（图 2-117），单击"刷新"按钮（图 2-117）会发现，刷新之后，产品的数量会跟着参数变动，同样的道理，也可以修改其他参数，单击"重生成"按钮之后，产品也会跟着变动。

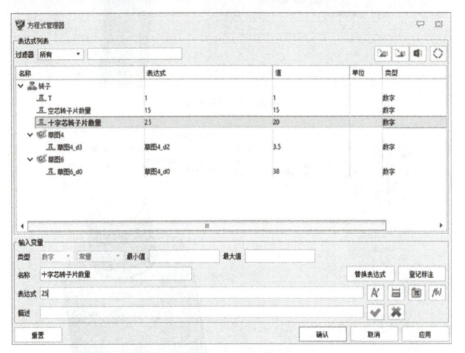

图 2-116　方程式管理器

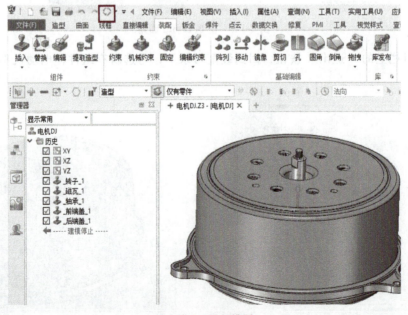

图 2-117　更新模型

【课后拓展训练】

完成图 2-118 所示斯特林热端数字化样机的参数化设计。

图 2-118　斯特林热端数字化样机

模块3

机械产品数字模型工程图设计

教 学 导 航

【教学目标】

- 掌握装配图的画法。
- 掌握装配图尺寸的标注方法。
- 能合理设置零件间的装配关系和精度等级。
- 能合理确定产品的表达方案。
- 能熟练使用中望 3D 工程图工具合理设置参数。
- 能正确、合理选择图幅，标注序号，设置明细栏。
- 培养学生严格执行标准的职业素养。

【知识重点】

- 视图表达方法，尺寸标注，技术要求注写，编排序号，填写明细栏、标题栏。
- 装配图的打印。

【知识难点】

- 产品视图表达方案。
- 产品零件间的配合关系和精度等级。

【教学方法】

- 线上线下相结合，采用任务驱动模式。

【建议学时】

- 4~8 学时。

【项目介绍】

以节流阀为例，通过绘制节流阀的装配图，学习中望 3D 软件工程图功能和中望 2D 软件装配图的绘图功能，掌握将中望 3D 软件工程图转入中望 2D 软件进行完善的方法，根据产品性能需求合理设置装配关系和精度等级，正确标注尺寸和注写技术要求，形成正确、完整的生产用工程图样，培养学生独立思考、严谨细致、不断进取的职业素养和在多种软件环境下更为方便高效地完成工作任务的能力。

学习任务　节流阀装配图设计 <<<

【任务描述】

图 3-1 所示节流阀是企业中较为常用的机械部件，该部件包括多个典型零件及标准件，整体结构规范。利用中望软件完成节流阀部件装配图的绘制，学习装配图的视图配置及表达方法，正确进行尺寸标注、注写技术要求、编写序号、填写明细栏和标题栏，完成由产品三维模型到二维工程图、由三维工程图环境到二维绘图环境的转换，生成正确、完整的生产用产品装配图样。

图 3-1　节流阀模型

【知识点】

- 装配图表达方法
- 三维模型转二维图样。
- 装配图尺寸标注。
- 装配图技术要求。
- 装配图零件序号和明细栏。
- 装配图打印。

【技能点】

- 能合理配置视图及选择表达方案。
- 能根据产品工作原理和功能需求，正确合理设计零件配合关系和精度等级。
- 能合理正确注写技术要求、编写序号和填写明细栏。
- 能熟练应用打印模块的相关功能。

【素养目标】

培养学生独立完成中等难度机械部件装配图样的绘制，熟练使用中望软件相关工具完成机械部件装配图的综合应用，养成严谨细致、善于创新的职业能力。

【课前预习】

装配图是表示产品及其组成部分的连接、装配关系及其技术要求的图样。它主要反映装配体（产品或部件）的工作原理、各零件之间的装配关系、传动路线和主要零件的结构形状，是设计和绘制零件图的主要依据，也是装配生产过程中调试、安装、维修的主要技术文件。一张完整的装配图应具备一组视图、必要的尺寸、技术要求、标题栏、明细栏和零件序号。

一、装配图的表达方法

1. 装配图的视图特点

装配体由多个零件组成，各零件间相互交叉、遮挡导致其投影重叠。为了表达清楚装配体的工作原理和零件间的装配关系，一般画成剖视图。

2. 装配图的画法

装配图的表达方法和零件图基本相同，零件图中所应用的各种表达方法在绘制装配图时同样适用。根据装配图的特点，还有一些规定画法和特殊画法。

（1）装配图的规定画法

1）相邻两零件的画法。表达相邻两零件的接触面和配合面（包括间隙配合）时，只画一条轮廓线；表达非接触面和非配合面时，即使间隙再小，也要画出两条线。

2）相邻两零件剖面线的画法。相邻两零件的剖面线应明显区别，即倾斜方向相反或间隔不等；同一零件在不同视图中剖面线的方向和间隔应一致。

3）螺纹紧固件及实心件的画法。当剖切平面通过螺纹紧固件及实心的轴、手柄、键、销、连杆、球等零件的轴线或对称面时，这些零件均按不剖绘制。

（2）装配图的特殊画法

1）拆卸画法。为了表达装配体内部或后面零件的装配情况，在装配图中可假想地将某些零件拆掉或沿某些零件的结合面剖切后绘制。对于拆去零件的视图，可在视图上方标注"拆去件××"，如果拆去的零件明显，在不致引起误解时也可省略标注。

2）假想画法。为了表示运动零件的极限位置或本零部件与相邻零部件的相互关系时，可用细双点画线画出该零部件的外形轮廓。

3）简化画法。

① 对于同规格、均匀分布的螺纹紧固件或相同零件组，允许仅详细地画出一个或一组，其余用细点画线表示出中心位置即可。

② 零件上的工艺结构，如倒角、小圆角、退刀槽等允许不画。

③ 剖切平面通过油杯、油标、管接头等标准产品组合件的轴线时，可以只画外形。对于滚动轴承、密封圈、螺栓、螺母等标准件可采用简化画法或示意画法。

4）夸大画法。对于薄、细、小间隙及斜度/锥度很小的零件，可以适当加厚、加粗、加大画出；直径或厚度小于 2mm 的细、薄零件的断面，可用涂黑代替剖面线。

二、装配图的尺寸标注

与零件图不同，装配图只需标注必要的尺寸。根据其作用不同，可以将尺寸分为以下几类。

1. 性能（规格）尺寸

性能尺寸表达装配体的性能或规格，是设计产品的主要依据。

2. 装配尺寸

装配尺寸表达装配体上相关零件的装配关系，主要包括配合尺寸和主要零件相对位置尺寸。

3. 安装尺寸

安装尺寸是表达机器或部件安装时所需要的尺寸。

4. 总体尺寸

总体尺寸是表达机器或部件总长、总宽、总高的尺寸。

5. 其他重要尺寸

其他重要尺寸包括经过计算的重要设计尺寸、重要零件间的定位尺寸、主要零件的尺寸等。

三、装配图的技术要求

装配图的技术要求主要说明装配、检验的要求及使用方法等，具体内容如下。

1）对机器或部件在装配、调试和检验时的具体要求。

2）关于机器性能指标方面的要求。

3）安装、运输以及使用方面的要求。

技术要求一般应写在明细栏上方或图样左下方的空白处。

四、零件的编号、明细栏

为了便于看图和管理图样，装配图中必须对每种零件进行编号，并绘制明细栏。

1. 序号编排方法

对所有零件进行统一编号，相同的零件编一个序号；零件序号按顺时针或逆时针方向整齐排列在视图外的明显位置处；零件序号应填写在指引线一端的横线上或圆圈内，指引线另一端指向该零件轮廓内，并在末端画黑点，若零件较薄或涂黑应以箭头指向该零件轮廓；序号的字号应比图中尺寸数字大一号或两号。

2. 明细栏

明细栏应画在标题栏上方，若位置不够，可在标题栏左侧续编；明细栏应自下而上填写；明细栏中应填写零件序号、图号、标准号、名称、材料、数量等内容。

五、装配图零件间的配合关系设计

为了保证产品或部件的工作精度和性能，产品零件间应有配合要求，零件之间有连接定位的、轴线到基面的距离和基面到基面都应标注配合尺寸。

配合的选择方法有类比法、计算法和实验法三种。一般以类比法居多。

1）确定配合的大致类别。根据配合部位的功能要求，确定配合的类别。

2）根据配合部位具体的功能要求，通过查表，比照配合的应用实例，参考各种配合的性能特征，选择较合适的配合，即确定非基准件的基本偏差代号。

间隙配合主要应用于孔轴之间有相对运动和需要拆卸的无相对运动的配合部位。基孔制的间隙配合，轴的基本偏差代号为 a~h；基轴制的间隙配合，孔的基本偏差代号为 A~H。

当孔为上极限尺寸而轴为下极限尺寸时，装配后的孔、轴为最松的配合状态，称为最大间隙 $X_{\max}$；当孔为下极限尺寸而轴为上极限尺寸时，装配后的孔、轴为最紧的配合状态，称为最小间隙 $X_{\min}$，如图 3-2 所示。

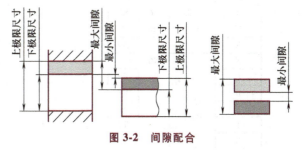

图 3-2 间隙配合

过盈配合主要应用于孔与轴之间需要传递转矩的静连接（即无相对运动）的配合部位。基孔制的过盈配合，轴的基本偏差代号为：n~zc；基轴制的过盈配合，孔的基本偏差代号为 N~ZC。

在过盈配合中，孔的上极限尺寸减去轴的下极限尺寸所得的差值为最小过盈 $Y_{\min}$，是孔、轴配合的最松状态；孔的下极限尺寸减去轴的上极限尺寸所得的差值为最大过盈 $Y_{\max}$，是孔、轴配合的最紧状态，如图 3-3 所示。

过渡配合主要应用于孔与轴之间有定心要求，而且需要拆卸的静连接（即无相对运动）的配合部位。基孔制的过渡配合，轴的基本偏差代号为：js~m；基轴制的过渡配合，孔的基本偏差代号为 JS~M。

孔的公差带与轴的公差带交叠，孔的上极限尺寸减去轴的下极限尺寸所得的差值为最大间隙 $X_{\max}$，是孔、轴配合的最松状态；孔的下极限尺寸减去轴的上极限尺寸所得的差值为最大过盈 $Y_{\max}$，是孔、轴配合的最紧状态，如图 3-4 所示。

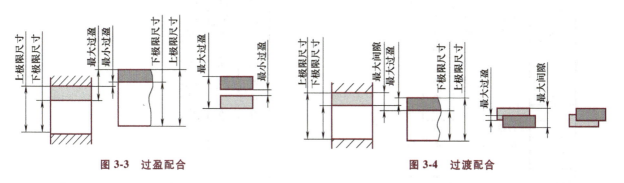

图 3-3 过盈配合　　　　　　　图 3-4 过渡配合

三种配合类别的区别如下。

1）间隙配合：孔的实际尺寸永远大于或等于轴的实际尺寸；孔的公差带在轴的公差带的上方；允

许孔轴配合后能产生相对运动。

2）过盈配合：孔的实际尺寸永远小于或等于轴的实际尺寸；孔的公差带在轴的公差带的下方；允许孔轴配合后使零件位置固定或传递载荷。

3）过渡配合：孔的实际尺寸可能大于或小于轴的实际尺寸；孔的公差带与轴的公差带相互交叠；孔轴配合时，可能存在间隙，也可能存在过盈。同时，可以通过表3-1和表3-2初步判断零件的配合关系。

表 3-1　基轴制优先、常用配合

国标版次	配合类型	基准轴	GB/T 1800.1—2020 h5	h6	h7	h8	h9	GB/T 1801—2009 h5	h6	h7	h8	h9	h10	h11	h12
孔公差带代号	间隙配合	A												A11	
		B					B11							B11	B12
		C					C10							C11	
		D			D9	D9	D10			D8	D9	D10		D11	
		E		E8	E9	E8	E9				E8	E8	E9		
		F		F7	F8	F9	F9	F6	F7	F8	F8	F9			
		G	G6	G7				G6	G7						
		H	H6	H7	H8	H9	H10	H6	H7	H8	H8	H9	H10	H11	H12
	过渡配合	JS	JS6	JS7				JS6	JS7	JS8					
		K	K6	K7				K6	K7	K8					
		M	M6	M7				M6	M7	M8					
		N		N7											
	过盈配合	N	N6					N6	N7	N8					
		P	P6	P7				P6	P7						
		R		R7				R6	R7						
		S		S7				S6	S7						
		T		T7				T6	T7						
		U		U7					U7						
		V													
	—	X		X7											

表 3-2　基孔制优先、常用配合

国标版次	配合类型	基准孔	GB/T 1800.1—2020 H6	H7	H8	H9	H10	H11	GB/T 1801—2009 H6	H7	H8	H9	H10	H11	H12
轴公差带代号	间隙配合	a												a11	
		b					b9	b11						b11	b12
		c					c9	c11				c9	c10	c11	
		d			d8	d8	d9	d10			d8	d9	d10	d11	
		e		e7	e8	e8	e9			e7	e8	e9			
		f	f6	f7	f8	f8			f5	f6	f7	f8			
		g	g5	g6					g5	g6	g7				
		h	h5	h6	h7	h9	h10	h11	h5	h6	h7	h9	h10	h11	h12
	过渡配合	js	js5	js6	js7				js5	js6	js7				
		k	k5	k6	k7				k5	k6	k7				
		m	m5	m6	m7				m5	m6	m7				
		n		n6											
	过盈配合	n	n5							n6	n7				
		p	p5	p6					p5	p6	p7				
		r		r6					r5	r6	r7				
		s		s6	s7				s5	s6	s7				
		t		t6					t5	t6	t7				
		u		u6	u7					u6	u7				
		v								v6					
		x		x6						x6					
		y								y6					
		z								z6					

机械产品三维模型设计（高级）

【任务实施】

1. 预习效果检查

（1）填空题

1）装配图的内容包括一组视图、_____、_____、零件序号和明细栏、标题栏。

2）装配图的尺寸包括_____、_____、装配尺寸、外形尺寸、其他重要尺寸。

3）装配图的特殊表达方法有拆卸画法、_____、_____、假想画法。

4）装配图一般画成_____视图。

（2）判断题

1）装配图中同一个零件在不同视图中的剖面线间距可以不一致。（　　）

2）零件序号的字号应比尺寸数字大一号或两号。（　　）

3）当剖切面沿着垂直杆件轴线方向剖切时，杆件按未剖绘制。（　　）

4）装配图的尺寸标注和零件图一样。（　　）

2. 节流阀装配图绘制过程分析

装配图的作用是反映机器（或部件）的工作原理、各零件之间的装配关系、传动路线和主要零件的结构形状。因此，在确定节流阀的视图表达方案之前，首先要了解该节流阀的功用和工作原理，清楚其传动路线和装配关系。

（1）节流阀工作原理 节流阀是通过改变通流截面以控制流体流量的阀门。当压差一定时，开口大小影响流量的变化。图 3-5 所示为节流阀的结构，其工作原理是：转动手柄带动齿轮轴旋转，齿轮齿条啮合传动，使滑动齿条做轴向移动，带动阀芯上下移动，从而调节流阀的通流截面积，使流经节流阀的流量发生变化。

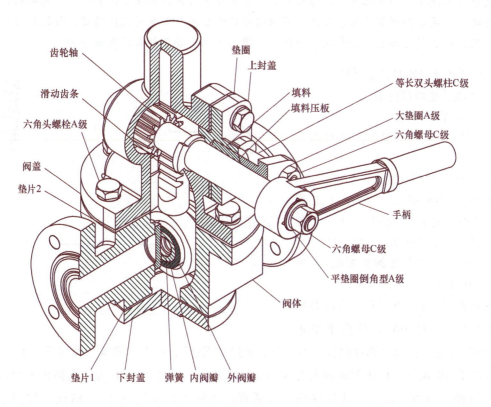

图 3-5 节流阀的结构

（2）**节流阀视图表达方案分析** 该节流阀的表达可采用三个视图，主视图做局部剖视表达节流阀传动机构的传动路线、相关零件间的配合关系、阀体进、出口法兰的形状及其端面螺栓连接孔的分布情况。左视图采用全剖视图表达节流阀的工作原理和主要零件阀体的结构；在滑动齿条和阀芯配合处采用局部剖视表达内外阀瓣、滑动齿条的结构及其配合关系。俯视图主要表达节流阀外部结构形状、阀盖和阀体螺栓连接分布等情况及阀体的结构形状。

（3）**节流阀装配图绘制流程** 根据节流阀的功能和工作原理分析零件间的装配关系，利用中望 3D 软件、2D 软件协同工作。借助 3D 软件，以规范的表达方式，生成正确、合理的节流阀工程图，并导入 2D 软件进行修改和完善，根据国家标准和机械制图技术要求，正确、合理标注装配图中的必要尺寸，注写节流阀的技术要求，编制零件序号，填写明细栏、标题栏。最后，利用 2D 软件的打印工具，打印出符合国家标准要求的 PDF 格式的节流阀装配图。

（4）**装配图绘制过程分析表** 完善装配图绘制过程分析并填写表 3-3。

表 3-3　节流阀装配图绘制过程分析（学生）

序号	项目	装配图绘制
1	节流阀装配图绘制的难点在哪里	
2	节流阀用哪些视图表达	
3	节流阀装配图绘制过程是什么	
4	三维软导出的工程图为什么要导入二维软件	
5	教师评价	

温馨提示：

同一装配体，其装配图的绘制方法和过程并不唯一。在多种软件环境下，充分发挥其优势，协同工作，能够更为方便、高效地完成工作任务。但是无论采用何种方法绘制装配图，都必须遵循国家标准的相关规定。通过绘制节流阀装配图，不仅培养学生合理利用多种软件高效工作的能力，还能培养其发现问题、解决问题的能力，养成严谨细致、团队协作、善于创新的职业精神。

3. 节流阀装配图绘制实施过程

（1）3D 软件生成装配图

1）进入工程图环境。

进入中望 3D 软件工程图环境有以下三种方式。

① 打开中望 3D 软件，单击"新建"按钮，弹出图 3-6 所示"新建［工程图］"对话框，选择"类型"为"工程图"，"模板"为"默认"，在"唯一名称"文本框中输入"节流阀装配图"，单击"确认"按钮进入工程图环境。

② 在中望 3D 软件中打开节流阀装配模型 节流阀.Z3，在 DA 工具栏中单击

图 3-6　"新建［工程图］"对话框

"2D 工程图"按钮，弹出"选择模板"对话框，选择"默认"，单击"确认"按钮进入工程图环境。

③ 在中望 3D 软件中打开节流阀装配模型 节流阀.Z3，在绘图区右击，在弹出的快捷菜单中选择"2D 工程图"命令，弹出"选择模板"对话框，选择"默认"，单击"确认"按钮进入工程图环境。

2）生成装配视图。

① 俯视图：分析节流阀，确定主视图投影方向，单击菜单栏中"布局"下的"标准"按钮 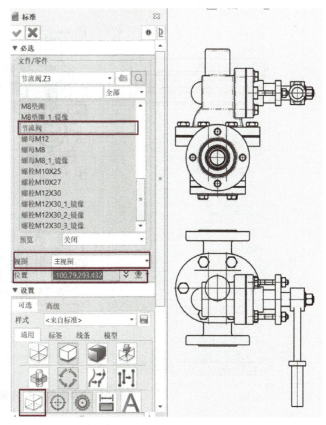，弹出图 3-7 所示"标准"对话框，选择"节流阀"设置，"视图"为"主视图"，关闭"显示消隐线"按钮 ⬜，不显示虚线，移动鼠标指针至绘图区空白处合适位置单击，生成主视图，由主视图位置向下移动鼠标指针，投影出俯视图。

注：如投影方向相反，勾选"反转箭头"复选框。

② 局部剖主视图：单击菜单栏中"布局"下的"局部剖"按钮 ，弹出"局部剖"对话框，选择多段线边界，"基准视图"选择步骤①中生成的主视图，"边界"选择图 3-8 所示的剖切范围，"深度点"选择俯视图中齿轮轴的轴线，单击"确定"按钮 ✓，生成局部剖视的主视图。

③ 左视图（全剖视图）：单击菜单栏中"布局"下的"全剖视图"按钮，弹出图 3-9 所示"全剖视图"对话框，"基准视图"选择步骤②中生成的主视图，"点"分别单击选择图 3-9 所示主视图中的点 1、2 点，取消勾选"组件剖切状态来源于零件"复选框，单击"位置"按钮，在绘图区的主视图右侧合适位置单击，生成全剖视图（左视图）。

图 3-7 "标准"对话框及俯视图

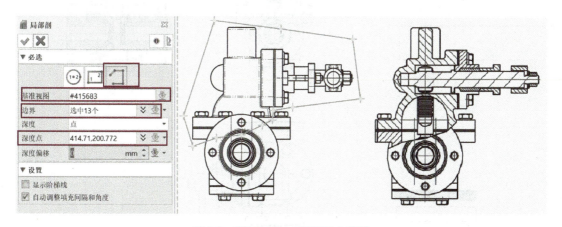

图 3-8 "局部剖"对话框及主视图

3）编辑图线：双击俯视图，弹出图 3-10 所示，"视图属性"对话框，单击"线条"选项卡，分别选择"消隐""切线""消隐切线"选项，设置"线型"为"忽略"，单击"确认"按钮，完成图线设置。单击 DA 工具栏中的"格式刷"按钮 ，弹出"格式刷"对话框，设置"原实体"为俯视图，"目标实体"选择主视图和左视图，单击"确定"按钮 ✓，完成图线设置。至此，完成图 3-11 所示节流阀的装配视图。

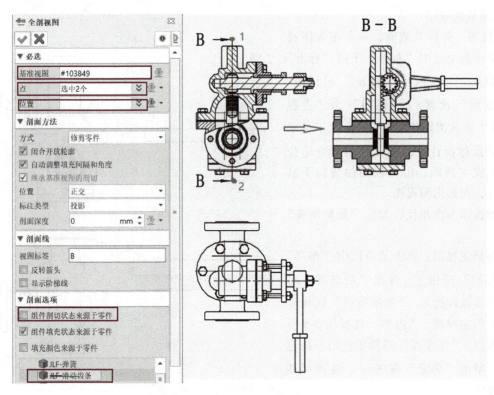

图 3-9 "全剖视图"对话框及左视图

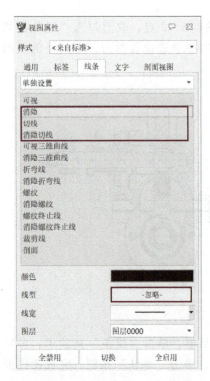

图 3-10 "视图属性"对话框

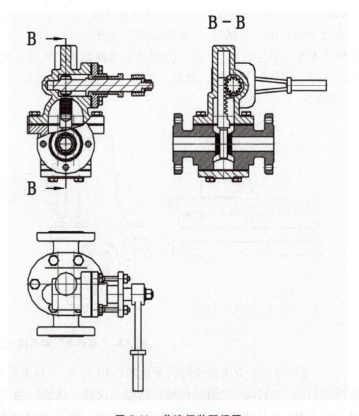

图 3-11 节流阀装配视图

4）输出 DWG 格式文件。选择"文件"→"输出"命令，弹出图 3-12 所示"选择输出文件…"对话框，在"保存在"列表框中选择文件保存位置，在"文件名"文本框中输入"节流阀装配图"，在

"保存类型"列表框中选择"DWG/DXF File（＊.dwg；＊.dxf）"，单击"保存"按钮，弹出"DWG/DXF 文件生成"对话框，默认设置，单击"确认"按钮，即可完成节流阀装配视图的输出。

（2）2D 软件完善节流阀装配图

1）完善装配视图。

① 删除重线。用中望 2D 软件打开中望 3D 软件输出的节流阀装配图，按<Alt+A>键全选视图中的图线，选择"扩展工具"→"编辑工具"→"删除重线"命令，即可删除视图中重复图线。

② 调出图幅。选择"机械"→"图纸"→

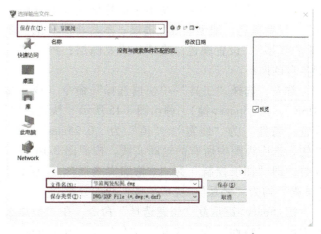

图 3-12 "选择输出文件…"对话框

"图幅设置"命令（或在命令行输入"TF"，按<Space>键），弹出图 3-13 所示"图幅设置"对话框，设置参数，完成后单击"确定"按钮，选择合适位置放置图幅即可。

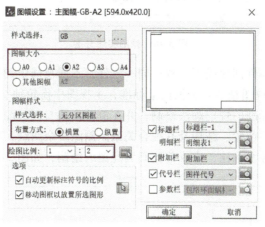

2D软件完善节流阀装配图

图 3-13 "图幅设置：主图幅-GB-A2［594.0×420.0］"对话框

③ 设置图层。中望 2D 软件可根据图幅自动调出已经设置好的图层，只需根据国家标准要求，设置线宽。单击"图层管理器"按钮，弹出图 3-14 所示"图层特性管理器"对话框，修改图层的"线宽"，轮廓实线层线宽为 0.5mm，其他图层线宽为 0.25mm。

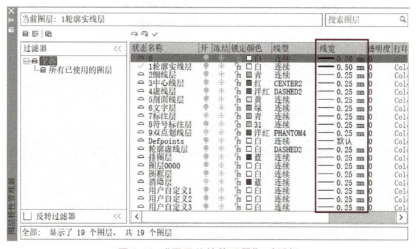

图 3-14 "图层特性管理器"对话框

④ 图线分层。将装配视图中的轮廓实线划分到"轮廓实线层"，设置颜色、线型、线宽随层；然后将所有细线全部划分到"中心线层"，设置颜色、线型、线宽随层；再把细线分别划分到各自的图层。

首先，选择"工具"→"快速选择"命令（或在命令行输入"QSE"，按<Space>键），弹出图 3-15 所示"快速选择"对话框，设置"特性"为"线宽"，"值"为"0.25mm"，单击"确定"按钮，选中视图中所有的轮廓实线。按照图 3-16 所示内容设置参数，即"图层控制"为"1 轮廓实线层"，"颜色""线型""线宽"均为"随层"，完成轮廓实线的分层。

按<Space>键重复"快速选择"命令，在"快速选择"对话框中设置"特性"为"线宽"，"值"为"0.18mm"，单击"确定"按钮，选中视图中所有的细线（除剖面线）。在图 3-16 所示参数中设置图层控制为"3 中心线层"，"颜色""线型""线宽"均为"随层"，即可完成中心线的分层。通过单击方式选择其他细线（螺纹线、波浪线、剖面线等）放置各自图层。

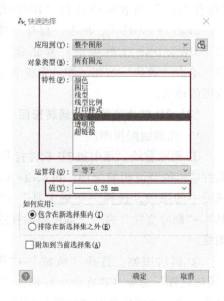

图 3-15 "快速选择"对话框

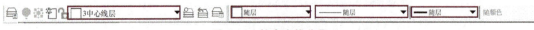

图 3-16 轮廓实线分层

注：同一视图中，不同零件剖面线不一致；同一零件，不同视同中剖面线应一致。

⑤ 调整视图布局，修整视图细节。根据国家标准，主视图中齿轮轴、右端垫圈和螺母按不剖绘制。主视图中齿轮齿条按照国家标准的规定画法绘制，并在滑动齿条与阀芯配合处添加局部剖视图，以表达滑动齿条、内外阀瓣和弹簧的位置、结构及其配合关系。删除多余图线，补齐中心线及其他图线。调整视图布局，补画视图剖切符号及标注，完成节流阀装配图的绘制，如图 3-17 所示。

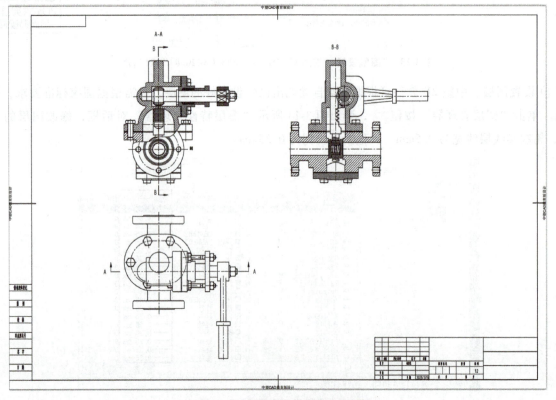

图 3-17 完善后的节流阀装配图

2）标注节流阀尺寸。选择"机械"→"尺寸标注"→"智能标注"命令（或在命令行输入"D"，按<Space>键），按照命令行提示，在装配图中标注节流阀尺寸。双击尺寸，弹出图 3-18 所示"增强尺寸标注 主图幅 GB GB_DIAMETER"对话框，可以添加符号、配合代号、尺寸公差，还可以修改标注样式。

① 标注总体尺寸。标注总高度为 260mm，宽度为196mm。在俯视图中沿节流阀长度方向看，其左端为回转体，总长度尺寸不能直接标注，而应分别标注173mm、32mm、R60mm 共同显示总长度。

② 标注装配尺寸。由于节流阀是靠手动转动手柄，通过齿轮齿条传动带动阀芯上下运动，调节流体流量的大小，综合考虑产品精度及成本因素，尺寸公差等级选用中等精度 IT8 和 IT7。

图 3-18 "增强尺寸标注 主图幅 GB GB_DIAMETER"对话框

节流阀中配合尺寸共有五个。节流阀中齿轮轴是靠阀盖轴孔和上封盖轴孔支承，当节流阀工作时，支承轴段和相配合轴孔间存在相对运动，因此两配合部位应为间隙配合。但为了保证节流阀工作时，齿轮轴和滑动齿条之间能够平稳啮合传动，齿轮轴的配合轴段间隙不能太大。根据国家标准 GB/T 1800.1—2020 中轴孔优先配合，齿轮轴两支撑轴段与阀盖轴孔和上封盖处配合尺寸选用 ϕ18H8/f7。其次，阀盖与阀体用螺栓连接，不能精确定位，齿轮轴的定位是靠上封盖止口与阀盖的配合，又考虑到节流阀的密封性，因此上封盖与阀盖的配合尺寸选用 ϕ42H8/h7。填料压盖压紧填料起到密封作用，防止节流阀内的润滑油外漏，并且填料压盖与上端盖之间没有相对运动，因此配合尺寸选用 ϕ18H8/g7。另外，内外阀瓣在弹簧力的作用下存在相对运动，同时考虑到节流阀的密封性，内外阀瓣配合尺寸选用 ϕ26H8/f7。

节流阀中主要零件相对位置尺寸共有两个。齿轮轴与滑动齿条轴线间相对位置尺寸为 19.5mm，齿轮轴与进出口轴线间相对位置尺寸为 112mm。

③ 标注规格尺寸。节流阀流体进出口直径为 ϕ28mm。

④ 标注安装尺寸。节流阀的安装尺寸为 ϕ115mm，ϕ90mm，4×M12。

3）编排零件序号，填写明细栏、标题栏。

本任务中的节流阀共包含 23 种零件，选择"机械"→"序号/明细表"→"标注序号"命令（或在命令行输入"XH"，按<Space>键）、弹出图 3-19 所示"引出序号 主图幅 GB"对话框，选择序号类型，设置序号内容和其他选项，单击"确定"按钮。根据国家标准，按照顺时针方向对零件编号。

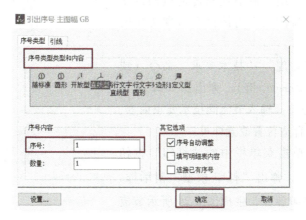

图 3-19 "引出序号 主图幅 GB"对话框

注：零件编号时，从零件轮廓内引线，引线不能与剖面线重合或平行，也不能与轮廓线重合或表在轮廓线上。

选择"机械"→"序号/明细表"→"生成明细表"命令（或在命令行输入"MX"，按<Space>键），中望软件会自动在标题栏上方生成明细表表头，按照命令行提示，选择生成方向，单击即可生成明细表。如果标题栏上方空间不够，可以按照提示放置在标题栏左侧。

选择"机械"→"序号/明细表"→"处理明细表"命令（或在命令行输入"MXB"，按<Space>键），弹出图 3-20 所示"明细表编辑窗口 主图幅 GB"窗口，根据节流阀实际情况，按要求填写零件相关内容。

序号	图号	名称	数量	材料	单重	总重	备注	零件类型
1	JLF-01	阀体	1	H200				自制零件
2	JLF-02	垫片01	1	工业用纸				外购件
3	GB/T5783-2000	六角头螺栓M12X35	6					标准件
4	JLF-03	阀盖	1	H200				自制零件
5	JLF-04	垫片02	1	工业用纸				外购件
6	JLF-05	上封盖	1	H200				自制零件
7	JLF-06	填料	1	石棉				外购件
8	JLF-07	填料压盖	1	H200				自制零件
9	JLF-08	齿轮轴	1	20Cr				自制零件
10	GB/T41-2000	六角螺母M12	1					标准件
11	GB/197.2-2002	平垫圈倒角型12	1					标准件
12	JLF-09	手柄	1	H200				自制零件
13	JLF-10	滑动齿条	1	45				自制零件
14	JLF-11	外阀瓣	1	H200				自制零件
15	JLF-12	弹簧	1	65				外购件
16	JLF-13	内阀瓣	1	H200				自制零件
17	JLF-14	垫片03	1	工业用纸				外购件
18	JLF-15	下封盖	1	H200				自制零件
19	GB/T5783-2000	六角头螺栓M10X25	8					标准件
20	GB/T95-2002	平垫圈10	8					标准件
21	GB/T41-2000	六角螺母M8	2					标准件
22	GB/T95-2002	平垫圈8	2					标准件
23	GB901-1988	等长双头螺柱M8X60	2					标准件

图 3-20 "明细表编辑窗口 主图幅 GB"窗口

双击标题栏，弹出图 3-21 所示"标题栏编辑 主图幅 GB"窗口，填写标题栏相关内容。

4）注写技术要求。节流阀内含齿轮齿条传动机构，工作时通过滑动齿条带动阀瓣上下移动，改变通流截面积的大小，从而调节流体流量的大小。因此技术要求主要从安装前对零件的要求、组装后节流阀传动机构的正常工作灵活性、安装后节流阀的压力测试及后期工作时的承压要求等方面进行注写。

选择"机械"→"文字处理"→"技术要求"命令（或在命令行输入"TJ"，按<Space>键），弹出图 3-22 所示"技术要求 主图幅 GB"窗口。输入节流阀技术要求内容，单击"确认"按钮，选择合适位置放置即可。

5）打印 PDF 文件。单击菜单栏中的"打印"按钮 🖶（或按<Ctrl+P>组合键），弹出"打印-模型"对话框，按图 3-23 所示内容设置打印参数，生成图 3-24 所示节流阀装配图的 PDF 文件。

显示名称	填写内容
企业名称	中望
图样名称	节流阀装配图
图样代号	JLF-00
产品名称或材料标记	
重量	
设计	
审核	
标准化	
工艺	
第几页	
共几页	
图幅	A2
图纸张数	
比例	1:2
日期	2022/2/13

图 3-21 "标题栏编辑 主图幅 GB"窗口

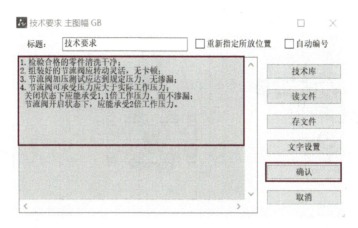

图 3-22　"技术要求 主图幅 GB" 窗口

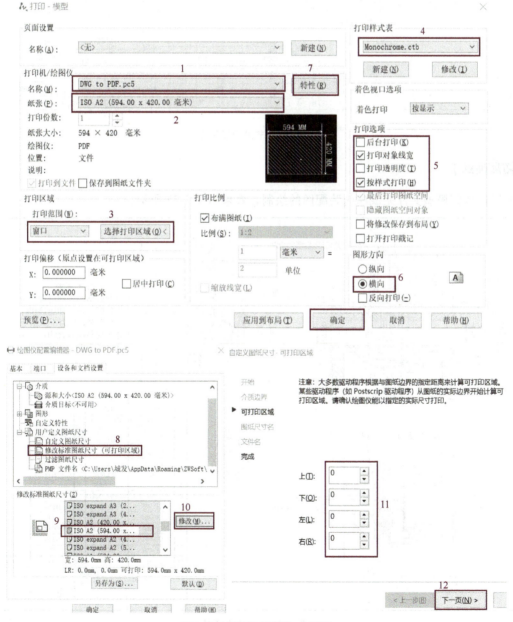

图 3-23　"打印-模型" 对话框

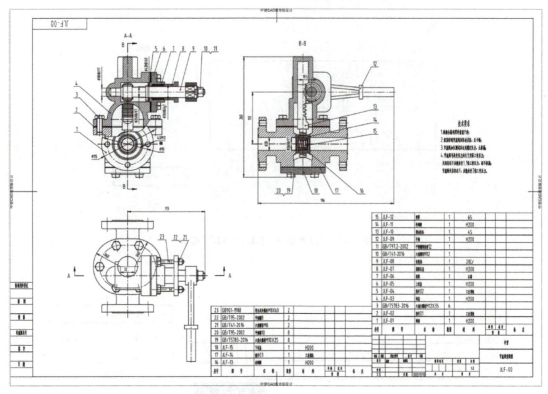

图 3-24　节流阀装配图

【课后拓展训练】

根据提供球阀模型文件完成球阀装配图的绘制，效果如图 3-25 所示。

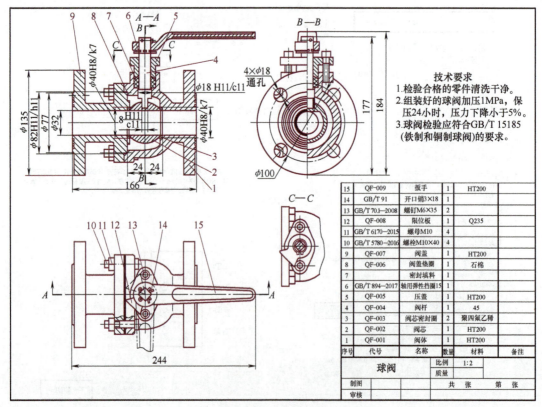

技术要求

1. 检验合格的零件清洗干净。
2. 组装好的球阀加压 1MPa，保压 24 小时，压力下降小于 5%。
3. 球阀检验应符合 GB/T 15185（铁制和铜制球阀）的要求。

15	QF-009	扳手	1	HT200	
14	GB/T 91	开口销3×18	1		
13	GB/T 70.1—2008	螺钉M6×35	2		
12	QF-008	限位板	1	Q235	
11	GB/T 6170—2015	螺母M10	4		
10	GB/T 5780—2016	螺栓M10×40	4		
9	QF-007	阀盖	1	HT200	
8	QF-006	阀盖垫圈	1	石棉	
7		密封填料	1		
6	GB/T 894—2017	轴用弹性挡圈15	1		
5	QF-005	压盖	1	HT200	
4	QF-004	阀杆	1	45	
3	QF-003	阀芯密封圈	2	聚四氟乙稀	
2	QF-002	阀芯	1	HT200	
1	QF-001	阀体	1	HT200	
序号	代号	名称	数量	材料	备注

球阀		比例	1:2	
		质量		
制图			共　张	第　张
审核				

图 3-25　球阀装配图

模块4

有限元力学分析

教学导航

【教学目标】

- 掌握运用建模工具，依据工作任务要求创建、导入和修正几何模型的建模方法。
- 掌握材料参数的设定方法，可从材料库选择合适材料以及自定义材料参数。
- 掌握单元的选择方法，可根据物理模型特点，定义单元属性。
- 掌握网格划分方法，可依据设定工况选择相应网格划分方法和网格疏密度。
- 掌握约束方法，可依据设定工况，使用边界设计工具，在有限元模型上设置实体结构的约束关系。
- 掌握载荷施加方法，能利用综合专业知识，在有限元模型上定义载荷，并设置载荷相关参数。
- 掌握评估方法，可选择合适的方法对分析结果进行评估。
- 掌握参数设置工具，修正模型的单元类型、网格尺寸、材料属性等参数，并对其进行计算和评估至符合评估要求。
- 掌握分析报告的输出方法，能利用综合专业知识，按照工作任务要求输出分析结果或形成分析报告。
- 培养学生独立思考、严谨细致、不断进取的职业素养。

【知识重点】

- 静力学分析的基本思路。
- 网格的划分。
- 约束关系及载荷的施加。

【知识难点】

- 单元属性的选择。
- 载荷相关参数的设置。
- 约束关系及载荷的施加位置确定。

【教学方法】

- 线上线下相结合，采用任务驱动模式。

【建议学时】

- 4~8学时。

【项目介绍】

通过完成悬臂梁和车刀装配体的有限元力学分析任务，学习中望3D软件的CAE功能，熟悉线性静力学分析的基本思路和流程，能输出分析结果或形成分析报告，夯实学生力学基础的同时，培养学生独立思考、严谨细致、不断进取的职业素养。

学习任务 4.1　悬臂梁的静力学分析　　◀◀◀

【任务描述】

图 4-1 所示为一个左端固定的悬臂梁，右端有一集中力作用。利用中望 3D 软件中的结构仿真模块完成该梁的受力分析。已知该悬臂梁的材料为不锈钢 A304，长度 $L = 300\text{mm}$，圆形截面半径 $R = 5\text{mm}$，右端集中力 $F = 10\text{N}$，须考虑自重。

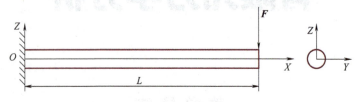

图 4-1　悬臂梁受力

悬臂梁是一个比较典型的线性静力学分析的实例。该实例采用线弹性材料，承受不超过弹性极限的静载荷。此类实例在工程应用中广泛存在，是 CAE 分析中的典型实例。通过该实例，学习材料属性设定、载荷及约束的添加方法、网格划分方法及结果输出，掌握 CAE 仿真的基本思路。

【知识点】

- 几何模型创建。
- 材料属性设定及编辑。
- 边界条件添加。
- 单元选择及网格划分。
- 结果输出与分析。

【技能点】

- 能创建几何模型并设定材料。

- 能添加常见基本约束及载荷。
- 能进行网格的合理划分并可判断网格质量。
- 能使用软件输出计算结果。

【素养目标】

培养学生独立完成典型静力学分析实例的创建，能合理使用中望 3D 软件中的 CAE 仿真工具，增强学生有限元分析的应用能力，夯实专业基础。

【课前预习】

CAE 是工程设计中的计算机辅助工程，主要用于模拟分析、验证和改善设计。在工程运算中，CAE 主要是计算应力场、温度场、流场和电磁场等各种物理场。在本模块中主要介绍的是结构力学相关分析，因此主要关注的是应力场和位移场。

有限元分析（FEA）是 CAE 技术中的一种，也是最为常见的方法。有限元法（FEM）的力学基础是弹性力学。中望 3D 软件结构仿真模块提供了线性静力学分析、屈曲分析、模态分析和传热分析等模块，本模块仅介绍线性静力学分析模块。

1. 线性静力学及有限元分析基础

（1）线性静力学分析的假设条件

1）材料为线弹性材料。在线性静力学分析中，所使用的材料必须为线弹性材料，即材料满足胡克定律，其应力与应变成正比。绝大多数金属材料在承受较轻载荷，没有发生塑性变形前可以看成是线弹性材料。

2）小变形理论。任何结构在加载条件下均会发生变形。在线性静力学分析中，假设变形很小，即变形量相对结构的整体尺寸很小。

3）载荷为静态载荷。假设所有载荷与约束均不随时间变化，这就意味着加载过程必须十分缓慢，以致可以忽略惯性效应。

在工程应用中，结构线性静力学分析最为常用。在设计规范上，通常采用线性静力学分析结构的内力。线性静力学分析是各种分析的基础。

（2）有限元求解问题的基本步骤　有限元分析方法最早应用于航空航天领域，主要用来求解线性结构问题。实践证明这是一种非常有效的数值分析方法。理论上已经证明，只要用于离散求解对象的单元足够小，所得的解就可足够逼近于精确值。用于求解结构线性问题的有限元方法和软件目前已经比较成熟。

1）定义求解域。根据实际问题近似确定求解域的物理性质和几何区域。

2）求解域离散化。将分析对象按一定的规则划分成有限个具有不同大小和形状单元体的集合，相邻单元在节点处连接，单元之间的载荷也仅由节点来传递，习惯上称为有限元网格划分。

3）单元推导。结构离散完成后，对单元进行特性分析，先建立各单元节点位移与节点力之间的关系，求出单元的刚度矩阵，后用物理方程和虚功原理建立节点力与节点位移的关系，即刚度方程。

4）等效节点载荷计算。结构被离散化后，单元与单元之间仅通过节点发生内力的传递，结构与外界也是通过节点发生联系。作用在单元边界上的表面力、作用在单元内的体积力和集中力等，都必须等效移到单元节点上去，化为相应的单元等效节点载荷。

5）总装求解。将单元总装形成离散域的总矩阵方程（联合方程组）。求得整体坐标系下各单元刚度矩阵后，可根据结构上各节点的力平衡条件组集求得结构的整体刚度方程。

6）联立方程组求解。整体刚度方程只反映了物体内部关系，并未反映物体与边界支承等的关系。未引入约束条件之前，弹性体在力的作用下虽处于平衡，但仍可做刚体位移，整体刚度矩阵是奇异的，即解不唯一。为求得节点位移的唯一解，须根据结构与外界支承的关系引入边界条件，消除刚度矩阵的奇异性，使方程得以求解，进而将求出的节点位移代入各单元的物理方程，求得各单元的应力。

2. 中望3D软件CAE模块的基本操作流程

中望CAE的基本操作流程包括几何创建，材料设定，边界、约束和载荷设定，网格划分，运算，分析结果评价与输出。

（1）几何创建　在进行有限元分析之前，首先要建好几何模型。一般而言，建模的工作量在整个有限元工作中所占的比重是比较大的。中望3D软件中CAE的几何模型可以在软件环境中建立，也可以打开已有的模型。当几何模型完成后，在"仿真"选项卡下，单击新建结构仿真任务按钮 ⊕，则弹出图4-2所示对话框，按照任务要求选择分析类型。

（2）材料设定　在线性静力结构分析中，材料属性只需要定义弹性模量以及泊松比。如有任何惯

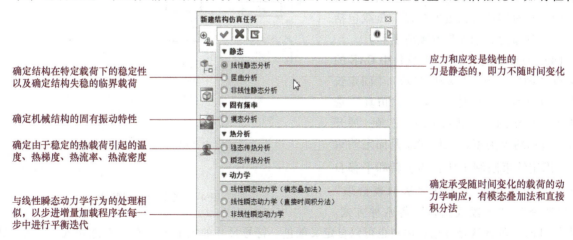

图4-2　"新建结构仿真任务"对话框

性载荷（如重力），必须要定义材料的密度。单击"仿真"选项卡中的材料库按钮 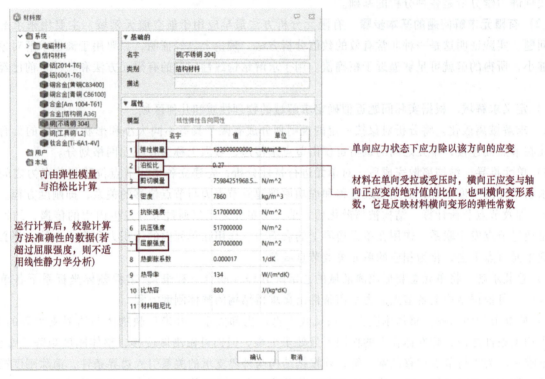，会弹出"材料库"对话框。展开"系统"→"结构材料"，选中"钢［不锈钢 304］"后，会出现该材料的材料属性，如图 4-3 所示。如果将鼠标指针放在左侧目录树，选中零件名称并右击，同样可以弹出"材料库"对话框。

图 4-3 中的标注说明：
- 弹性模量 → 单向应力状态下应力除以该方向的应变
- 泊松比（可由弹性模量与泊松比计算）→ 材料在单向受拉或受压时，横向正应变与轴向正应变的绝对值的比值，也叫横向变形系数，它是反映材料横向变形的弹性常数
- 屈服强度（运行计算后，校验计算方法准确性的数据（若超过屈服强度，则不适用线性静力学分析））

图 4-3 "材料库"对话框

如果结构材料中没有分析所用的材料，可以通过材料库进行用户自定义。右击用户文件夹，在弹出的菜单中选择"新建材料"命令，可以弹出图 4-4 所示对话框。此时，可自定义所使用材料的各项属性。在线性静态分析中，只需要定义弹性模量、泊松比以及密度即可。

（3）边界设定 约束和载荷称为边界条件。约束是对实体自由度的限制，负载包括集中力、分布力、加速度及预应变等。

（4）约束设定 中望 3D 软件中 CAE 的约束有"固定约束""滚轴/滑块""固定铰链""用户参考几何体"。单击"仿真"选项卡下"固定约束"按钮下的小三角，展开图 4-5 所示约束类型，默认状态是固定约束 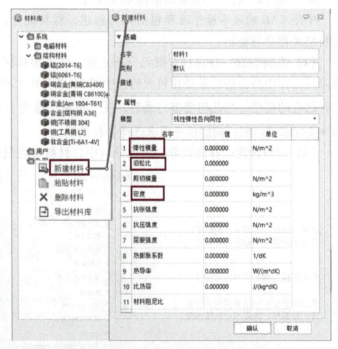，固定约束限制了所有的旋转和平移自由度。约束作用的实体有"从列表拾取""窗口选择""多段线选择"等八种方式。

约束符号的颜色默认是绿色，用户也可以自定义颜色。符号尺寸的定义方式有"动态输入""表达式""步距"三种，如图 4-5 所示。

图 4-4 自定义材料属性

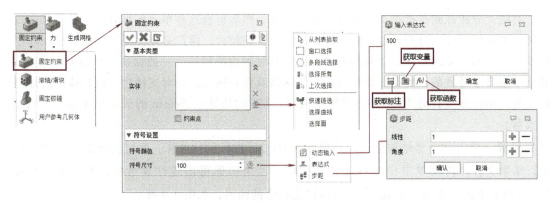

图 4-5　约束条件的施加

（5）载荷设定　中望 3D 软件中的 CAE 可以施加的载荷有"力""压力""扭矩""线载荷""重力""温度"。单击"仿真"选项卡下"力"按钮下的小三角，展开图 4-6 所示载荷类型。

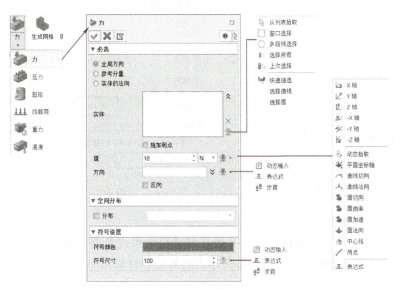

图 4-6　载荷的施加方式

（6）网格划分　单击"仿真"选项卡下的"生成网格"按钮 🐾 ，弹出图 4-7 所示"生成网格"

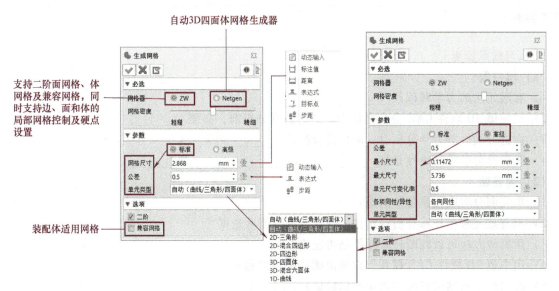

图 4-7　"生成网格"对话框

对话框。有限元分析原则是把结构分解成离散的单元，然后组合这些单元解得到最终的结果。其结果的精度取决于单元的尺寸和分布，粗的网格往往其结果误差较大，因此必须保证单元足够小。理论上网格数量越多，网格划分就越精细，计算越准确，但仿真时间也将延长，一般保持默认设置即可。ZW 网格生成器是中望自主开发的，支持二阶面网格、体网格及兼容网格，同时支持边、面和体的局部网格控制及硬点设置。Netgen 是自动 3D 四面体网格生成器。ZW 的信息比 Netgen 的信息更丰富，建议使用 ZW 网格生成器。

（7）运算　单击"中望结构仿真"选项卡下的 ，进行运行计算。此时会弹出一个对话框，提示保存运行结果文件。再次单击"运行计算"按钮，目录树即可出现计算结果，如图 4-8 所示。单击"仿真"选项卡下的"报告"按钮 ，可以定义报告的输出，如图 4-9 所示。

图 4-8　运行计算后的目录树

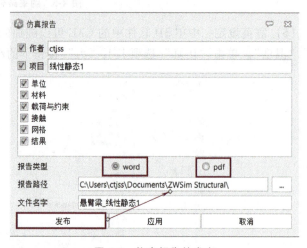

图 4-9　仿真报告的发布

（8）分析结果评价与输出

1）与相关资料对比。分析结果的合理性一般是与试验结果或者理论分析结果进行对比，如果没有相关的参照数据，可以通过调整网格的阶次与大小进行对比，计算结果如果没有明显区别，即认为计算结果合理。

2）查看材料特性。将运算结果与所使用材料的特性进行对比。若材料应力超过屈服极限，则此算例不适用于线性静力分析，需选择适用的计算方法。

【**任务实施**】

1. 预习效果检查

（1）填空题

1）有限元法的力学基础是_____。

2）在中望 3D 软件 CAE 分析模块中，进行仿真分析前，必须_____。

3）在进行线性静力学分析时，单位设置推荐_____。

4）线性静力学中的线性是指_____、_____、_____和_____。

（2）简答题

1）单元剖分时应注意哪些问题？

2）用有限元程序计算分析一结构的强度须提供哪些数据？

3）用哪些方法可以判断计算结果是否正确？

4）用中望 3D 软件 CAE 模块可以解决哪些类型问题？

5）有限元分析结果正确与否应如何验证？

2. 悬臂梁受力分析

（1）**几何创建**　新建文件并命名为"悬臂梁"。单击"造型"选项卡的"圆柱体"按钮 █，并在弹出的对话框中输入半径和梁的长度值，圆柱体端面的中心点设置为（0，0，0），如图4-10所示。

（2）**单位确定**　单击"仿真"选项卡下的"新建结构仿真任务"按钮，选中"线性静态分析"单选按钮，启动结构仿真，如图4-11所示。单击"仿真"选项卡下的"单位管理器"按钮，选中"MMKS"单选按钮，如图4-12所示。

（3）**材料设定**　单击"仿真"选项卡下的"材料库"按钮（也可以在左侧目录树处右击零件名称，在弹出菜单中选择"编辑材料"命令），选择"钢［不锈钢304］"材料即可（图4-13）。当材料设定完毕，可以展开目录树中相应小三角，定义材料属性后目录树如图4-14所示。

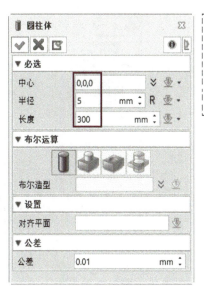

图4-10　几何创建

图4-11　"新建结构仿真任务"对话框

图4-12　设置单位制

（4）**固定端约束**　单击"仿真"选项卡下的"固定约束"按钮，在"实体"文本框激活状态下，旋转模型，选择左端为固定端（图4-15）。确认后，会在左端面出现绿色的直角坐标系（图4-16），坐标系颜色亦可自定义。

（5）**力的施加**　在施加集中力之前，先设定重力。可在目录树中选择机械载荷后右击，在弹出的对话框中设置重力参数，如图4-16所示。

单击"仿真"选项卡下的"力"按钮，弹出"力"对话框。本任务中的力为集中载荷，其方向与重力作用方向相同，作用在最右端面。根据已知条件设定力的大小，如图4-17所示，输入时请注意力的单位。

（6）**网格划分**　单击"仿真"选项卡下的"生成网格"按钮，弹出"生成网格"对话框。此处选中"ZW"单选按钮，网格粗细选择系统推荐的标准值，如图4-18所示。

图 4-13　在材料库中选择材料

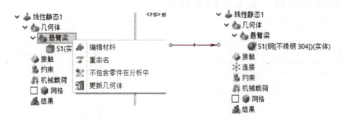

图 4-14　材料设定

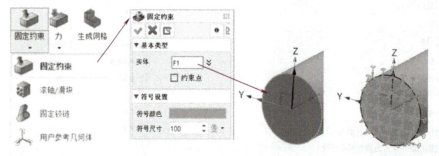

图 4-15　添加固定端约束

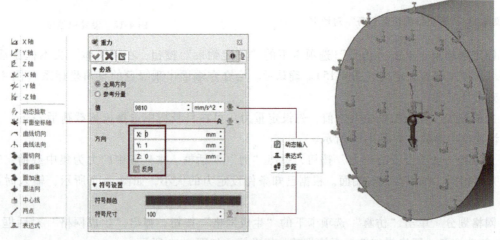

图 4-16　重力参数设置

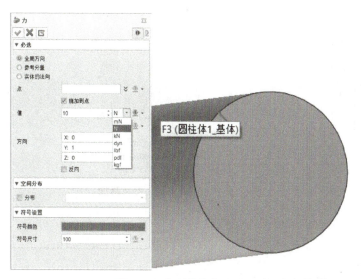

图 4-17 集中载荷的设置　　　　　　　　　　图 4-18 网格划分

（7）**运算与结果输出**　单击"中望结构仿真"选项卡下的"运行计算"按钮，在弹出对话框中确认分析文件的保存方式，再次单击"运行计算"按钮，等待分析结束，即可见分析结果，如图 4-19 所示。从分析结果可见，最大位移为 1.014mm。为验证模型的正确性，可与理论分析进行对比；同时也可以采用再次细化网格后，进行结果分析对比，如发现结果差距不大，证明分析结果不受网格精度影响，原定义网格的密度合理。

单击"仿真"选项卡下的"报告"按钮，可按需求选择输出项目、报告的格式以及发布后报告的文件位置。

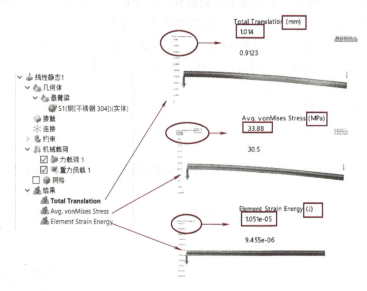

图 4-19 运算结果展示

【**课后拓展训练**】

图 4-20 所示为内六角扳手。对其模型进行网格划分，按以下要求进行受力分析。

1）底部端面为固定约束。

2）在手柄端部施加 20N 和 100N 的力。

3）材料属性如图 4-21 所示。

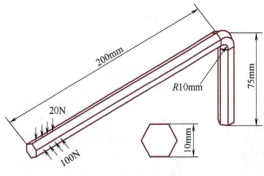

弹性模量：0.21×10^{12}N/m^2
泊松比：0.3
密度：7800kg/m^3
抗压强度：600N/m^2
屈服强度：355N/m^2

图 4-20　内六角扳手　　　　图 4-21　材料属性

4）按任务书要求定义约束。

① 划分网格。

② 进行分析计算。

③ 查看分析后的结果，生成指定格式的分析报告并保存。

④ 将分析源文件和分析报告保存到"CAE 分析"命名的文件夹内。

学习任务4.2　车刀装配体的受力分析　◄◄◄

【任务描述】

图 4-22 所示为车床上的车刀，取出一把车刀对其进行受力分析。车刀两侧和底面由滑块和夹具固定（图 4-23）。在切削加工过程中，车刀受集中载荷作用，请按以下要求对其进行受力分析。

1）对提供的外圆车刀模型进行受力分析，假设受力点为刀尖。

2）假设主轴转速（切削速度）v_c = 800m/min，进给量（进给速度）f = 0.5mm/r，背吃刀量 a_p = 1mm，按切削力实验公式，并取加工材料为结构钢，则有以下切削参数。

① 主切削力（主运动方向）：610N。

② 背向力（切深方向）：172N。

③ 进给力（进给方向）：140N。

3）材料参数。

① 刀柄：弹性模量为 196GPa；泊松比为 0.29；屈服极限为 207MPa；密度为 7800kg/m^3；强度极限为 517MPa。

② 刀片：弹性模量为 206GPa；泊松比为 0.27；屈服极限为 255MPa；密度为 7800kg/m^3；强度极限为 600MPa。

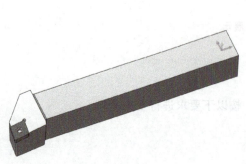

图 4-22　车刀

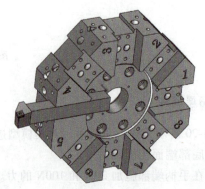

图 4-23　车刀工作状态

③ 夹具：弹性模量为190GPa；泊松比为0.27；屈服极限为200MPa；密度为7800kg/m³；强度极限为500MPa。

本例为装配体，为方便分析，在结构形状和约束方面都需要合理简化。通过该实例的分析，学习几何模型的简化、装配体材料特性的设定、约束的添加方法、装配体的网格生成方法等进阶命令。

【知识点】

- 几何模型的合理简化。
- 装配体材料特性的设定。
- 复杂边界条件的确定。
- 装配体网格划分时的类型选择。

【技能点】

- 复杂形状几何体的合理简化。
- 约束位置的自定义方法。
- 复杂载荷的加载方式。

【素养目标】

培养学生处理复杂模型的能力，合理使用中望3D软件的CAE仿真工具制订有限元分析的专业综合应用能力，培养独立思考、善于创新的职业能力。

【课前预习】

1. 复杂约束位置的确定

当工件的约束位置不是简单的平面、直线或某一个点，而是某些特定区域时，就需要用户自定义约束区域，这个问题就是复杂约束问题。以图4-24所示B轴受力分析中约束面的确定为例，进行复杂约束面的确定。

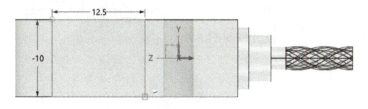

图4-24 B轴约束面位置

1）在"造型"选项卡下单击"草图"按钮，单击刀柄侧面，选择"矩形"绘制工具，在选定面上绘制矩形，并标注图4-24所示尺寸，完成后单击左上角的退出草图工具按钮。

2）在"线框"选项卡下单击"矩形"按钮，选择上一步所用平面，在原来的草绘位置处画出同样的线框。

3）在"曲线"选项卡下单击"曲线分割"按钮，按图4-25所示方式进行固定约束所用平面的划定。

2. 与面垂直载荷的施加

以图4-26所示金属构件的载荷施加方式为例，进行复杂载荷的加载。

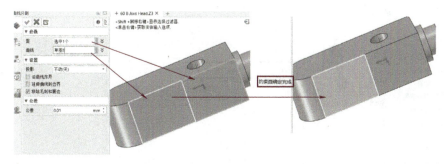

图4-25 B轴约束面确定完成

图4-26 与作用面垂直的载荷

1）在目录树中右击"机械载荷"，在弹出的对话框中设置载荷的作用面、大小和方向，如图4-27所示。

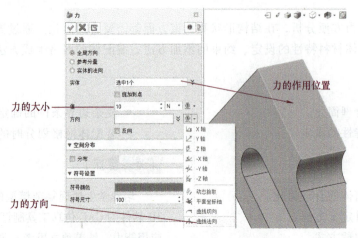

图4-27 力的作用面、大小和方向的选择

2）在选择"曲线法向"选项之后，需要明确载荷的具体方向，如图4-28所示。

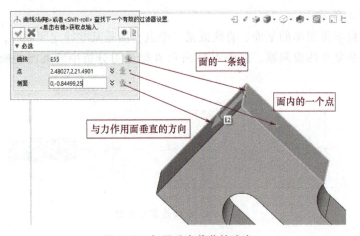

图4-28 与面垂直载荷的确定

3. 计算结果的显示比例

由图4-19所示悬臂梁计算结果可知，变形比较夸张。但从左侧数据可知，变形实际数值很小。右击结果中的变形，在弹出的菜单中选择"编辑"命令，可以修改比例系数，如图4-29所示。由此可见，夸张的显示效果仅是为了提醒变形位置，具体数值还是要看实际的数值。

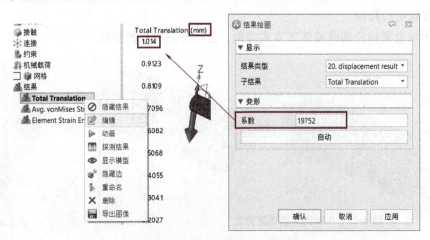

图4-29 计算结果显示比例设置

【任务实施】

1. 预习效果检查

（1）填空题

1）装配体的网格采用_____。

2）在中望3D软件CAE模块中，接触和连接一般用于_____的分析中。

（2）简答题

1）复杂体几何模型的简化原则是什么？

2）不平行于坐标轴的载荷如何施加？

3）如何看仿真分析结果的大小？

2. 车刀装配体分析

（1）几何建模的合理简化 刀头和刀柄处由螺钉连接，刀柄处还有圆孔，这些细节不利于车刀装配体的网格划分，也极大降低了分析的效率。考虑到这些孔与受力点的距离较远，对分析结果影响不大，可进行合理简化。刀头简化后的模型如图4-30所示。

图4-30 刀头简化

（2）装配体材料属性的确定 新建结构仿真任务后，在目录树中展开几何体，分别对其材料属性进行设置。由于材料库中没有与之对应的材料属性，本例中采用用户自定义的方式直接输入，参数设置如图4-31和图4-32所示。

图4-31 刀柄材料属性

图4-32 刀头材料属性

（3）添加接触 本例中车刀刀柄和刀头为两个单独的零件，进行力学分析时需要绑定接触，从而将两个原本分离的组件连接起来，其连接面之间不会产生相对位移。具体操作如图 4-33 所示。

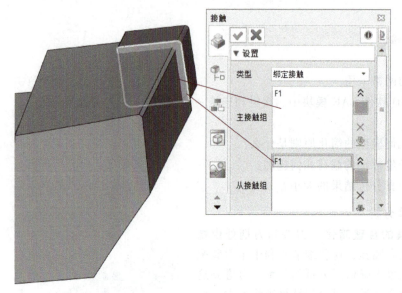

图 4-33　添加接触

（4）固定端约束　本例中车刀的约束位置并不是整个平面，其中一部分被约束，如图 4-34 所示。车刀两侧和底面的约束面积略有差别，底部约束面积复杂，对其形状进行合理简化，可以提高分析效率。

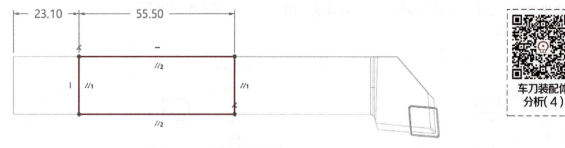

图 4-34　车刀固定约束位置草图

车刀装配体
分析（4）

在装配管理器中双击车刀刀柄进行编辑。

1）在"造型"选项卡下单击"草图"按钮，单击刀柄侧面，选择"矩形"绘制工具，在选定面上绘制矩形，并标注图 4-35 所示尺寸。

2）在"线框"选项卡下单击"矩形"按钮，选择上一步所用平面，在原来的草绘位置处画出同样的线框。

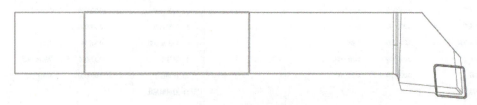

图 4-35　绘制矩形线框

3）在"曲线"选项卡下单击"曲线分割"按钮，按图 4-36 所示方式进行固定约束所用平面的划定。

4）重复上述步骤，在另外两个面上可以用同样的方法对约束所用平面进行划定，如图 4-37 和图 4-38 所示。

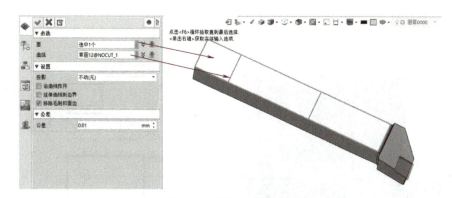

图4-36 曲线分割约束面

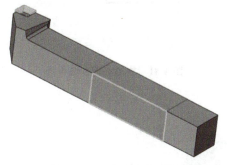

图4-37 底面约束面分割

图4-38 另一侧面约束面分割

5）添加固定约束，选择刚刚分割的刀柄上的三个面，结果如图4-39所示。

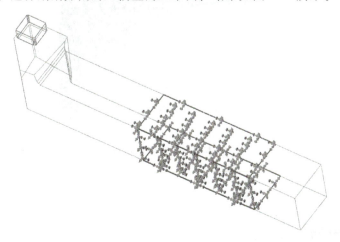

图4-39 固定约束示意图

（5）机械载荷的施加　由于是集中载荷，必须施加到点，为此需要在加载前创建受力点。在"线框"选项卡下单击"点"按钮，出现创建"点"的对话框，选择圆弧中点处创建即可，如图4-40所示。设置X轴、Y轴、Z轴向值分别为172N、140N、610N（图4-41），载荷施加完成后如图4-42所示。

（6）网格划分　本例为装配体，网格划分采用"兼容网格"方式，该方式可以实现不同零件之间的良好连接。根据经验与刀体的形状，本例中网格生成器选项的设置如图4-43所示，划分网格效果如图4-44所示。

（7）运算分析及结果输出　运行计算结果并输出分析结果，图4-45所示为总变形图，最大变形位置在刀尖处，变形量为0.07306mm。图4-46所示为应力分布图。

车刀装配体分析（5）~（7）

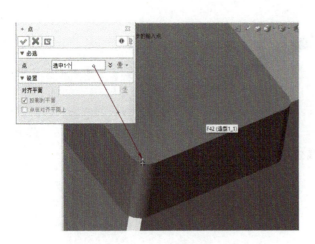

图 4-40　力的作用点创建

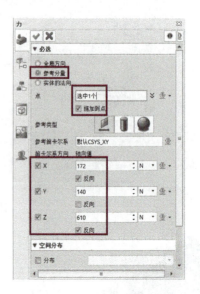

图 4-41　施加载荷参数设置

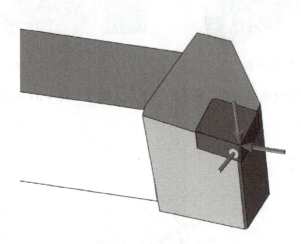

图 4-42　载荷施加示意

图 4-43　装配体网格生成器设置

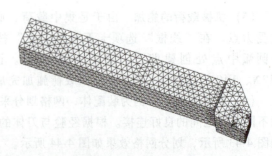

图 4-44　网格划分效果

图 4-45　总变形图

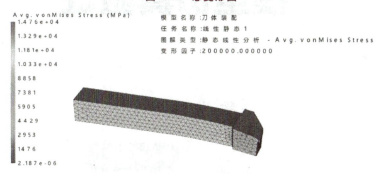

图 4-46　应力分布图

【课后拓展训练】

图 4-47 所示为金属构件，对其模型进行网格划分，按以下要求进行受力分析。

1）底部端面为固定约束。

2）顶部凸台承受垂直于表面且向下的均布压力，总压力大小为 10N。

3）材料属性如图 4-48 所示。

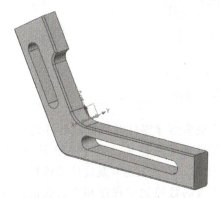

弹性模量：$0.21×10^{12}N/m^2$
泊松比：0.25
密度：$7800kg/m^3$
抗压强度：$600N/m^2$
屈服强度：$355N/m^2$

图 4-47　金属构件静力分析　　　　图 4-48　金属构件材料属性

4）按任务书要求定义约束。

① 划分网格。

② 进行分析计算。

③ 查看分析后的结果，生成指定格式的分析报告并保存。

④ 将分析源文件和分析报告保存到以"CAE 分析"命名的文件夹内。

模块5

模型仿真验证

教 学 导 航

【教学目标】

- 能正确分析模型信息，完成常见复杂零件的工艺设计。
- 熟练掌握多轴加工中坐标系的建立、加工安全高度的设置、毛坯的添加等操作方法。
- 熟练掌握"3+2"定轴加工的编程步骤和方法。
- 熟练掌握五轴引导面等值线切削、五轴侧刃切削、五轴流线切削等切削策略，合理设置加工参数。
- 能正确输出复杂零件工艺图表。
- 熟练掌握多轴加工中的后处理设置方法，并输出加工程序。
- 培养学生独立思考、严谨细致、不断进取的职业素养。

【知识重点】

- 模型信息分析、零件加工工艺分析、加工方法、工艺规程。
- 设置工件坐标系，设置刀具切削参数，生成刀路并验证程序。
- 设置后处理参数，包括机床类型、机床边界、加工程序属性等。

【知识难点】

- 五轴引导面等值线切削、五轴侧刃切削、五轴流线切削等加工策略。

【教学方法】

- 线上线下相结合、采用任务驱动模式。

【建议学时】

- 4~8学时。

【项目介绍】

通过完成多面体零件及无分流叶片的叶轮的数控加工自动编程任务，学习中望3D软件多轴CAM功能，熟悉工艺方案设计的流程，能输出符合要求的数控加工程序和工艺表格，培养学生严谨细致、团结协作、不断进取的职业素养。

学习任务5.1　"3+2"定轴加工案例 ◂◂◂

【任务描述】

使用三轴机床加工零件时，对于零件的正面结构特征，不存在刀具加工不到的情况，但对于零件的侧面结构特征，由于三轴机床的刀轴处于垂直状态，刀具不能切入，因此侧面结构无法采用机械加工成形。在没有五轴加工机床的情况下，就需要将零件重新安装、定位和夹紧，对于复杂的零件，还需要制作专门的夹具，这就容易在加工质量方面出现问题。此时，使用五轴机床配合"3+2"定轴加工方式，将刀轴根据零件侧面结构特征倾斜，将侧面结构特征转变为正面结构特征，依然使用三轴加工策略来计算刀具轨迹，可以解决绝大部分零件侧面结构特征的机械加工成形问题。

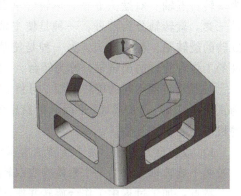

图5-1　多面体零件模型

图5-1所示为多面体零件模型，要求利用一台五轴数控机床、中望3D软件CAM模块的"3+2"定轴加工功能，完成该零件的加工。通过此案例，培养学生分析零件的结构特征，采用五轴机床配合"3+2"定轴加工的方式进行零件侧面结构的数控编程加工能力。掌握使用三轴加工策略，将侧面结构特征转变为正面结构特征的编程方法，为后期学习五轴联动加工打下基础。

【知识点】

- 五轴机床的结构与类别。
- "3+2"五轴加工的含义。
- 模型信息分析。
- 工艺分析。
- 世界坐标系与用户坐标系。
- "3+2"编程后处理设置。

【技能点】

- 分析零件的形状特征、加工精度、技术要求等基本信息。
- 确定毛坯类型及装夹方式。
- 确定加工操作流程。
- 制订加工策略和零件加工工艺过程。
- 正确选择各工序切削刀具及切削用量。
- 生成数控加工工艺过程卡及工序卡。

【素养目标】

培养学生运用数控加工相关标准，正确分析零件图样要求，设置加工环境，制订工艺流程；合理使用中望3D软件CAM功能常用的三轴功能，实现利用五轴机床加工出零件上三轴机床无法加工到的区域和使用更短的刀具加工出更深的型腔；养成独立思考，善于创新的职业能力。

【课前预习】

1. 五轴机床的结构与类别

（1）五轴机床的坐标系统

五轴联动加工中的五轴是指机床能控制的运动坐标轴数为五个，联动是指数控系统可以按照特定的轨迹关系同时控制五个坐标轴的运动，从而实现刀具相对于工件的位置和速度控制。

根据数控机床坐标系统的设定原则，通常数控机床的基本控制轴X、Y、Z轴为直线运动，绕X、Y、Z轴做旋转运动的控制轴则分别为A、B、C，X、Y、Z线性轴的正负方向关系按右手笛卡儿直角坐标系原则确定，而旋转轴A、B、C与对应线性轴X、Y、Z的正负方向关系遵循右手螺旋定则，如图5-2所示。若除基本的直角坐标轴X、Y、Z之外，还有其他轴线平行于X、Y、Z轴，则附加的直角

坐标系指定为 U、V、W 或 P、Q、R。一般地，由 X、Y、Z 三个基本直线运动轴和 A、B、C 三个旋转轴中的任意两个联动即可构成五轴联动，其组合实现的方式多种多样。

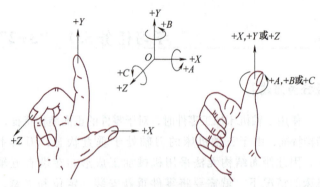

图 5-2　数控机床坐标系统

（2）五轴机床的主要结构类型

按照旋转轴类型的不同，可将五轴机床分为双转台五轴、双摆头五轴、单转台单摆头五轴三类。旋转轴分为两种：一种是使主轴方向旋转的旋转轴，称为摆头，另一种是使装夹工件的工作台旋转的旋转轴，称为转台。

按照旋转轴不同的旋转平面，可将五轴机床分为正交五轴和非正交五轴。两个旋转轴的旋转平面均为正交面（XY、YZ 或 XZ 平面）的机床为正交五轴；两个旋转轴的旋转平面有一个或两个不是正交面的机床为非正交五轴。

1）双转台式五轴。两个旋转轴均属转台类，A 轴旋转平面为 YZ 平面，C 轴旋转平面为 XY 平面。一般两个旋转轴结合为一个整体构成双转台结构，放置在工作台面上（图 5-3）。

特点：加工过程中工作台旋转并摆动，可加工工件的尺寸受转台尺寸的限制，适合加工体积小、重量轻的工件；主轴始终为竖直方向，刚性比较好，可以进行切削量较大的加工。

2）双摆头式五轴。双摆头五轴的两个旋转轴均属摆头类，B 轴旋转平面为 ZX 平面，C 轴旋转平面为 XY 平面。两个旋转台轴结合为一个整体构成双摆头结构（图 5-4）。

特点：加工过程中工作台不旋转或摆动，工件固定在工作台上，加工过程中静止不动。适合加工体积大、重量重的工件，但因主轴在加工过程中摆动，故刚性较差，加工切削量较小。

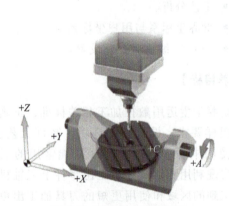

图 5-3　双转台式五轴示意

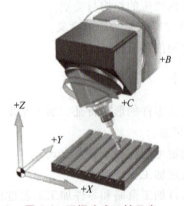

图 5-4　双摆头式五轴示意

3）单转台单摆头式五轴。旋转轴 B 为摆头，旋转平面为 ZX 平面；旋转轴 C 为转台，旋转平面为 XY 平面（图 5-5）。

特点：加工过程中工作台只旋转不摆动，主轴只在一个旋转平面内摆动，加工特点介于双转台和双摆头之间。

（3）工件装夹　在五轴双转台加工中心上，为了避免工作台在旋转过程中造成的刀具与工件、夹具和工作台的干涉，工件的装夹方案至关重要。

对于圆柱形零件，典型的装夹方案是采用自定心卡盘或单动卡盘来装夹，如图 5-6 所示。支架类零件采用压板装夹，箱体类零件采用专用工装装夹。工装装夹既要考虑双轴数控分度盘的允许安装空间，也要考虑进给时的摆动空间。加工前有必要按照程序要求的最大摆动角度试运行，以检查干涉的可能性。

（4）对刀

1）确定工件原点。一般通过对刀棒测量工件在机床坐标系中的位置，也可以采用光电寻边器测量工件原点，对于较先进的机床可以采用 3D 测头测量工件原点。

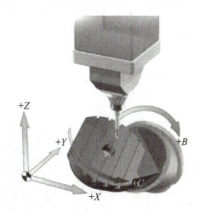

图 5-5　单转台单摆头式五轴示意

图 5-6　采用单动卡盘装夹

2）测量刀具长度。在五轴加工中，可以通过激光对刀仪测量绝对刀长，如图 5-7 所示，也可通过机内对刀仪测量绝对刀长。对于经济型五轴机床，可以通过对刀棒、Z 轴设定仪测量绝对刀长。

2. "3+2" 定轴加工

"3+2" 是指 X、Y、Z 三个移动轴加任意两个旋转轴。"3+2" 定轴加工是指在执行一个三轴铣削加工程序时，用五轴机床的两个旋转轴将切削刀具固定在一个倾斜的位置，也称定向五轴加工，因为第四个轴和第五个轴是用来确定固定位置上刀具的方向，而不是在加工过程中连续不断地操控刀具。"3+2" 定轴加工的实质就是三轴功能在特定角度（即"定位"）上的实现，简单来说，就是当机床转过一定角度后还是以普通三轴的方式进行加工。

图 5-7　激光对刀仪测量绝对刀长

3. 锁定毛坯到世界坐标系（即加工原点）

在计算三轴加工刀具路径时，如果毛坯尺寸过小，未能将加工范围包围，则只会在毛坯包围的范围内生成部分刀具路径；又如毛坯尺寸足够，但是偏离了加工范围，则会出现计算不出刀具路径的情况。因此，在计算刀具路径前，一定要确保毛坯包围住了零件的加工范围。采用五轴定轴加工时，会使用用户坐标系，就更要注意这一点。在创建毛坯时，毛坯的定位是相对于世界坐标系的，这就意味着，在默认情况下，如果用户创建了一个毛坯后，转而去使用其他的用户坐标系，那么毛坯就会"跑掉"。

世界坐标系建立步骤如下。

1）单击"造型"菜单栏中的"坯料"按钮；如图 5-8 所示。

2）在"实体"中框选全部模型，单击"确定"按钮完成配料设置，如图 5-9 所示。

图 5-8　坯料命令

图 5-9　建立毛坯

3）单击"造型"菜单栏中的"移动"按钮（图 5-10），在弹出的对话框中选择"点到点移动"方式，选择"起始点"为上表面的原点位置，设置"目标点"为"0，0，0"，如图 5-11 所示。

4）在"特征节点"中删除"坯料"，如图 5-12 所示，最终完成世界坐标系的建立，如图 5-13 所示。

图 5-10　单击"移动"按钮

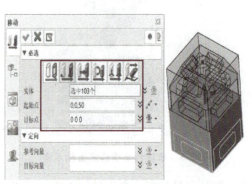

图 5-11　选择"点到点移动"方式

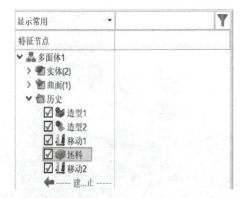

图 5-12　选中坯料特征节点

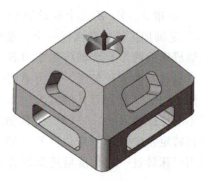

图 5-13　世界坐标系建立

4. 创建并编辑用户坐标系

在"3+2"定向五轴编程中，根据被加工零件的结构特征及分布情况，往往需要创建用户坐标系，以方便定向编程。现以图 5-14 所示的斜面建立用户坐标系为例，介绍具体操作步骤。

1）在管理器的"加工设置"中双击"坐标系"，如图 5-15 所示。

2）在"坐标"对话框中单击"创建基准面"按钮，如图 5-16 所示。

3）在"基准面"对话框中单击"XY 平面"→"原点"，选择斜面的原点位置（XY 的矢量方向应与世界坐标系中的 XY 矢量方向一致），设置"X 轴角度"为"60°"（图 5-17），完成后单击"确定"按钮。

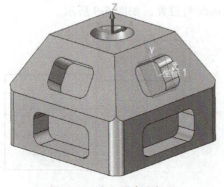

图 5-14　建立用户坐标系

图 5-15　双击"坐标系"

图5-16 单击"创建基准面"按钮

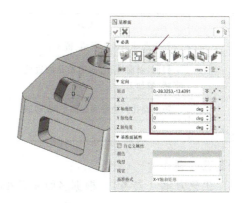

图5-17 创建用户坐标系

建立用户坐标系时应注意以下几点。

1）用户坐标系建立在零件外部较安全。

2）Z轴指向零件外部，作为刀轴方向矢量。

3）五轴中心点是回转工作台表面和第五轴轴线的交点。编程和加工零点一般设置在五轴中心点。

5. "3+2"定轴加工编程注意事项

在用户坐标系下，按照三轴加工零件的编程思路编制"3+2"定轴加工程序。完成零件的加工，可能需要多条"3+2"定轴加工刀具路径，要使用对刀坐标系来输出这些刀具路径为数控加工程序。这涉及刀具路径后处理的算法问题，对于"3+2"定轴加工而言，实际上就是将刀轴相对工件倾斜一个角度进行加工，在后处理时，将世界坐标系旋转一个角度到达编程坐标系（即用户坐标系）即可。

【任务实施】

1. 预习效果检查

（1）填空题

1）世界坐标系对应实际加工中的_____。

2）为了简化工件找正、对刀等操作，编程和加工零点最好设在_____。

3）使用中望3D软件创建坐标系时，Z轴应指向_____。

（2）判断题

1）编制"3+2"定轴加工的编程思路是按照三轴加工零件的思路来完成的。（　　　）

2）"3+2"定轴加工实际上就是将刀轴相对工件倾斜一个角度进行加工的。（　　　）

3）"3+2"定轴加工中的"3+2"指X、Y、Z三个移动轴加任意两个旋转轴。（　　　）

4）用户坐标系建立在零件内部比较安全。（　　　）

5）用户坐标系对应实际加工中的对刀原点。（　　　）

2. 零件工艺分析

（1）零件工艺分析（参考） 图5-1所示为多面体零件，需要加工零件的外轮廓、斜面、斜面槽孔、顶部圆孔、四边槽孔。零件毛坯为长方形，因此可以考虑使用机用平口钳进行装夹。

（2）零件工艺分析（学生） 分析多面体零件的模型，将分析结果填入表5-1。

表5-1 多面体零件工艺分析

序号	项目	分析结果
1	外轮廓和顶面的粗加工	
2	斜面、斜面槽孔、四边槽孔的粗加工	
3	顶部圆孔的粗加工	

（续）

序号	项目	分析结果
4	外轮廓和顶面的半精/精加工	
5	斜面、斜面槽孔、四边槽孔的边壁和底面半精/精加工	
6	顶部圆孔的边壁和底面半精/精加工	
教师评价		

3. 工艺方案设计

(1) 工艺方案（参考） 根据多面体零件的加工要求，设计加工工艺方案（表5-2）。

表 5-2　多面体零件加工工艺方案（参考）

零件号			编程员		图档路径			机床操作员			机床号		
客户名称		材料	45钢	工序号	01	工序名称	多面体	日期		年	月	日	

工序	加工内容	程序名称	刀具号	刀具类型	刀具直径/mm	主轴转速/(r/min)	进给速度/(mm/min)	余量/mm	装夹刀长/mm	加工时间	备注
1	外轮廓和顶面的粗加工	D10 粗加工	T1	平铣刀	10	2000	600	0.5	53		
2	斜面、槽孔的粗加工	D10 粗加工	T1	平铣刀	10	2000	600	0.5	53		
3	顶部圆孔的粗加工	D10 粗加工	T1	平铣刀	10	2000	600	0.5	53		
4	外轮廓和顶面的半精/精加工	D10 半精/精加工	T2	平铣刀	10	3000	200	0	53		
5	斜面、槽孔半精/精加工	D6 半精/精加工	T3	平铣刀	6	3000	200	0	30		
6	顶部圆孔半精/精加工	D6 半精/精加工	T3	平铣刀	6	3000	200	0	30		

Z 方向	毛坯上平面向下偏移1mm为零位	毛坯尺寸/mm	74×74×51
		装夹方式	机用平口钳装夹
X、Y 方向		毛坯中心	

(2) 工艺方案设计（学生） 根据对多面体零件的分析，参照表5-2所列工艺方案，填写表5-3。

表 5-3　多面体零件加工工艺方案（学生）

序号	结构	工艺方案
1		
2		
4		
考评结论		

4. 自动编程过程实施

（1）**设置安全高度**　如图 5-18 所示，右击"加工安全高度"，设置加工"安全高度"为 40mm，勾选"自动防碰"复选框，设置距离为 5mm。

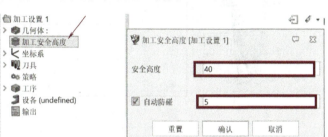

图 5-18　设置安全高度

（2）**设置毛坯**　单击"加工系统"菜单栏中"添加坯料"按钮，如图 5-19 所示，在弹出的"添加坯料"对话框中单击六面体，设置坯料"长度"为 74mm、"宽度"为 74mm、"高度"为 51mm，如图 5-20 所示，单击"确定"按钮，弹出是否隐藏五轴毛坯料弹窗，单击"是"按钮，如图 5-21 所示。

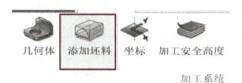

图 5-19　添加坯料

图 5-20　添加坯料设置

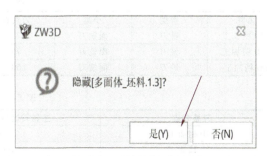

图 5-21　是否隐藏坯料弹窗

（3）创建刀具

1）根据多面体加工工艺方案可知，此多面体模型加工共需要三把刀具，分别为 D10 粗加工、D10 精加工和 D6 精加工。以 D10 粗加工为例设置刀具参数，如图 5-22 所示，右击管理器中的"刀具"，在弹出的菜单中依次选择"插入刀具"→"造型"命令，参数设置。

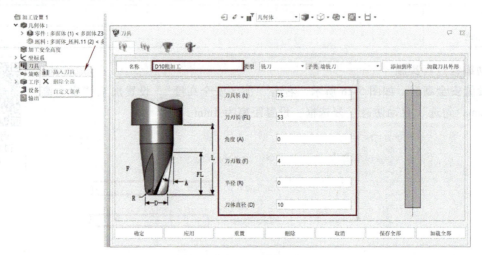

图 5-22　刀具参数设置

2）选择图 5-22 所示对话框中的"速度/进给"选项卡，弹出图 5-23 所示对话框，参数设置如图 5-23 所示。

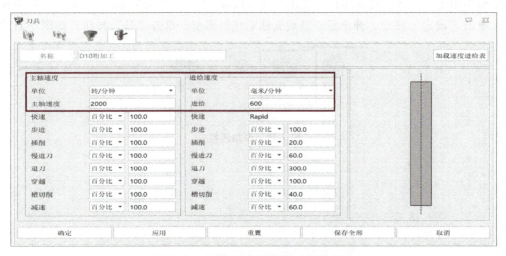

图 5-23　主轴速度和进给速度参数设置

3）另外两把刀具的建立方法与 D10 粗加工类似，具体参数见表 5-4，刀具切削参数见表 5-5。

表 5-4　刀具参数　　　　　　　　　　　　　　　　　　　　（单位：mm）

名称	类型	子类	刀具长	切削刃长	半径	刀体直径
D10 粗加工	铣刀	面铣刀	75	53	0	10
D10 精加工	铣刀	面铣刀	75	53	0	10
D6 精加工	铣刀	面铣刀	50	30	0	6

表 5-5　刀具切削参数

刀具名称	主轴转速/（r/min）	进给速度/（mm/min）
D10 粗加工	2000	600
D10 精加工	3000	200
D6 精加工	3000	200

（4）创建刀具路径

1）D10 粗加工刀具路径——二维偏移粗加工。

① 右击管理器中的"工序"，创建工序文件夹，将文件夹命名为"D10 粗加工"，如图 5-24 所示。

自动编程
过程（4）—
1）

② 右击文件夹，在弹出的菜单中选择"插入工序"命令，弹出"工序类型"对话框，选择"快速铣削"选项卡，选择"粗加工"选项组中的"二维偏移"命令，如图 5-25 所示。

图 5-24　创建工序文件夹

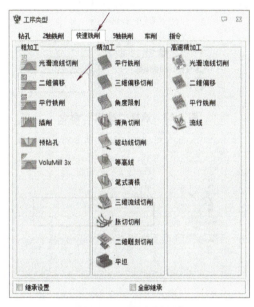

图 5-25　刀具路径创建

③ 如图 5-26 所示，在管理器中右击刚刚生成的"二维偏移粗加工 1"工序中的"刀具"，在弹出的菜单中选择"选择"命令，在弹出的对话框中单击"D10 粗加工"刀具，如图 5-27 所示。

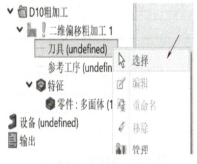

图 5-26　选择刀具

图 5-27　刀具列表

④ 如图 5-28 所示，在管理器中右击"二维偏移粗加工 1"，在弹出的菜单中选择"编辑"命令，打开参数界面。

⑤ 如图 5-29 所示，选择"公差和步距"，设置刀具路径参数。

⑥ 如图 5-30 所示，选择"边界"，设置最大加工深度为 -52mm；单击"刀轨设置"，设置"周边转角"为"2"，单击"确定"按钮，如图 5-31 所示。在管理器中右击刚刚生成的"二维偏移粗加工 1"中"特征"（图 5-32），在弹出的菜单中选择"添加"命令，在弹出的对话框中选择特征"零件"和"坯料"，单击"确定"按钮，如图 5-33 所示。

⑦ 如图 5-34 所示，在管理器中右击刚刚生成的"二维偏移粗加工 1"工序，在弹出的菜单中选择"计算"命令，计算出刀具路径（图 5-35）。

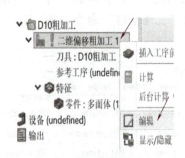

图 5-28 选择"编辑"命令

图 5-29 公差与步距参数设置

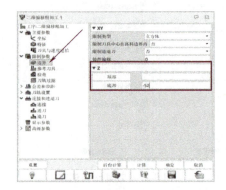

图 5-30 设置加工深度

图 5-31 刀轨设置

图 5-32 右键选择添加特征

图 5-33 选择要添加的特征

图 5-34 刀路计算

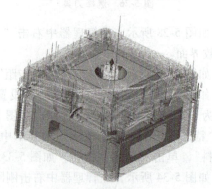

图 5-35 刀具路径（一）

2）D10 粗加工刀具路径——平行铣削 1。

① 创建斜面加工坐标系。如图 5-36 所示，右击"加工设置 1"里的"坐标系"，选择"插入坐标"命令，在弹出的对话框中将创建的坐标系重命名为"斜面"，并单击"创建基准面"按钮（图 5-37），在弹出的"基准面"对话框（图 5-38）中选择"XY 平面"、设置"Y 轴角度"为 60°、设置"原点"为平面的中心点，设置完成后单击"确定"按钮，创建的斜面加工坐标系如图 5-39 所示。

自动编程
过程(4)—
2)~6)

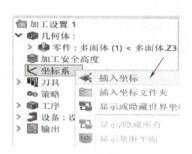

图 5-36　右键选择"插入坐标"命令

图 5-37　选择创建基准面

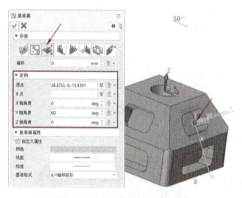

图 5-38　设置基准面参数

图 5-39　斜面加工坐标系

② 隐藏"二维偏移粗加工刀路 1"，在"D10 粗加工"文件夹中创建新工序"平行铣削 1"，选择刀具为"D10 粗加工"（图 5-40），右击"特征"，选择"添加"命令，在弹出的对话框中单击"新建"按钮（图 5-41），在"选择特征"对话框中双击"曲面"（图 5-42），选择斜面（图 5-43），并在"曲面特征"对话框中单击"确认"按钮（图 5-44），设置刀路参数（图 5-45、图 5-46）计算后刀具路径如图 5-47 所示。

图 5-40　选择刀具

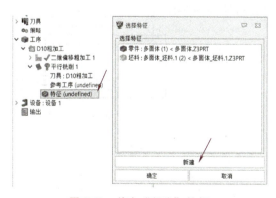

图 5-41　单击"新建"按钮

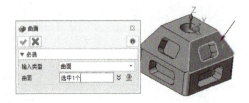

图 5-42　双击"曲面"选项　　　　图 5-43　选择斜面　　　　图 5-44　确认曲面特征

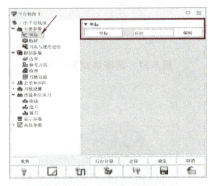

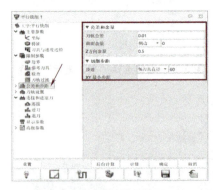

图 5-45　坐标系设置

图 5-46　公差和步距参数设置

3）D10 粗加工刀具路径——转换（阵列）平行铣削 1。

右击刚刚生成的"平行铣削 1"刀路，选择"转换"命令，设置工序转换参数（图 5-48），然后计算刀具路径（图 5-49）。

4）轮廓粗加工刀具路径——轮廓切削 1。

隐藏"转换平行刀路"，创建工序"轮廓切削 1"，选择刀具为"D10 粗加工"（图 5-50），右击"特征"，选择"添加"命令，在弹出的对话框中单击"新建"按钮后，双击"轮廓"，选择"底面边界线"，编辑工序参数（图 5-51 ～图 5-54），并计算刀具路径（图 5-55）。

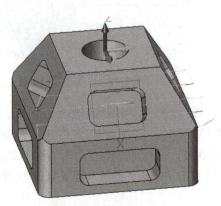

图 5-47　刀具路径（二）

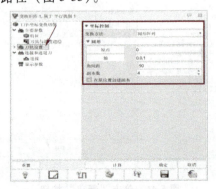

图 5-48　阵列平行铣削刀路

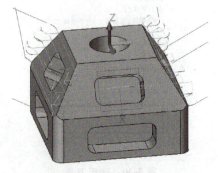

图 5-49　刀具路径（三）

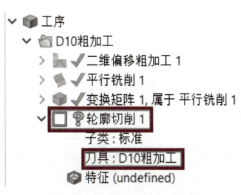

图 5-50　创建工序、选择刀具

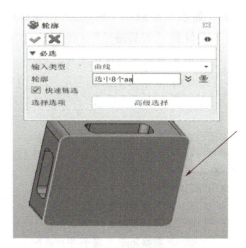

图 5-51　新建轮廓特征

图 5-52　公差和步距设置

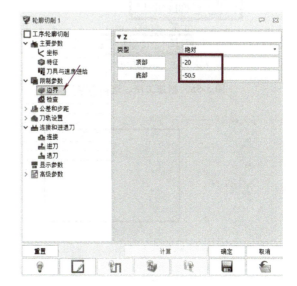

图 5-53　Z 轴加工范围

图 5-54　刀具补偿设置

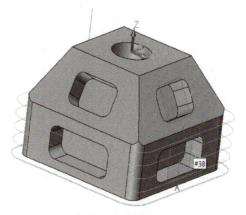

图 5-55　刀具路径（四）

5）D10 粗加工刀具路径——螺旋切削 1。创建工序"螺旋切削 1"，选择"刀具：D10 粗加工"（图 5-56），右击"特征"，在弹出的菜单中选择"添加"命令，在弹出的对话框中单击"新建"按钮后，双击"轮廓"后选择"槽孔边"，完成后单击"确定"按钮（图5-57），编辑刀路参数（图5-58~图5-60），并计算"刀具路径"（图5-61）。

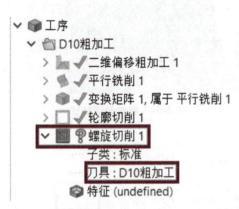

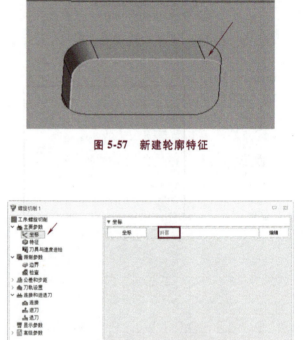

图5-56　创建工序、选择刀具

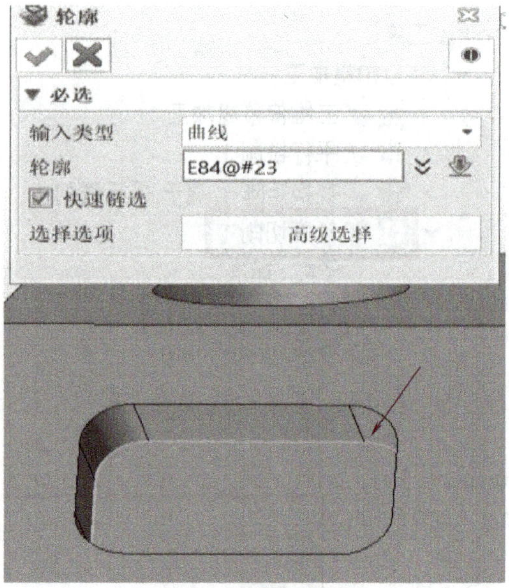

图5-57　新建轮廓特征

图5-58　设置公差和步距

图5-59　设置坐标系

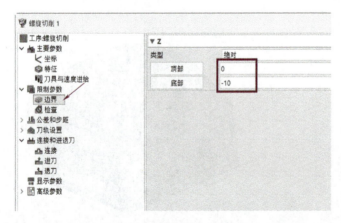

图5-60　设置加工范围

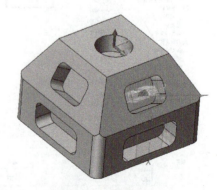

图5-61　刀具路径（五）

6）D10粗加工刀具路径——转换（阵列）螺旋切削1。右击"螺旋切削1"刀路，选择"转换"命令，在弹出对话框中设置参数（图5-62），完成后单击"计算"按钮生成刀路（图5-63）。

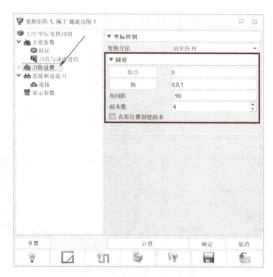

图 5-62 阵列螺旋切削刀路

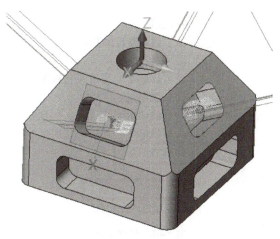

图 5-63 刀具路径（六）

7）D10 粗加工刀具路径——螺旋切削 2。

① 创建侧面加工坐标系，右击"坐标系"，选择"插入坐标"命令，在弹出的对话框中单击"创建基准面"按钮，在"基准面"对话框中选择"*XY* 平面"、设置"*Y* 轴角度"为 90°（图 5-64）、设置"原点"为平面的中心点（图 5-65），将创建的坐标系重命名为"侧面"，新建的侧面坐标系如图 5-66 所示。

自动编程
过程(4)~
7)~9)

图 5-64 坐标系参数设置

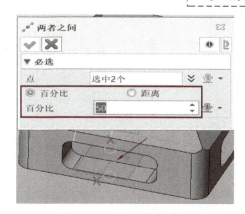

图 5-65 坐标系原点选择

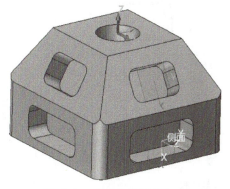

图 5-66 新建的侧面坐标系

② 如图 5-67 所示，创建工序"螺旋切削 2"，选择刀具为"D10 粗加工"，右击"特征"，选择"添加"命令，在弹出的对话框中单击"新建"按钮后，双击"轮廓"，选择"侧面槽孔边"确定（图

5-68），编辑刀路参数并计算"刀具路径"（图 5-69~图 5-72）。

图 5-67　创建工序

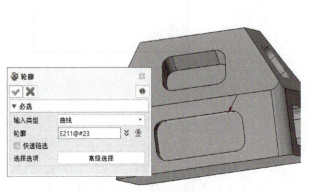

图 5-68　新建轮廓特征

图 5-69　选择坐标系

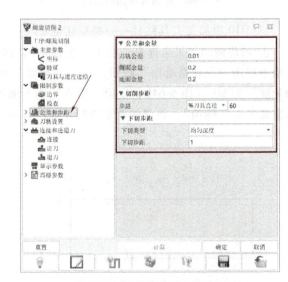

图 5-70　公差和步距参数设置

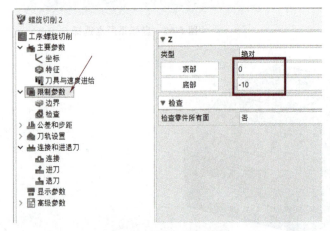

图 5-71　加工范围设置

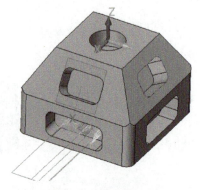

图 5-72　刀具路径（七）

8）D10 粗加工刀具路径——转换（阵列）螺旋切削 2。右击"螺旋切削 2"刀路，选择"转换"命令，在弹出对话框中设置参数（图 5-73），单击"计算"按钮生成刀路（图 5-74）

图 5-73 设置转换参数

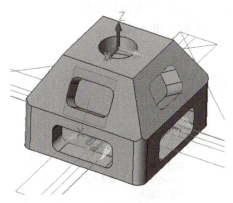

图 5-74 刀具路径（八）

9) D10 粗加工刀具路径——平行铣削 2。创建工序"平行铣削 2"，选择刀具为"D10 粗加工"（图 5-75），右击"特征"，选择"添加"命令，在弹出的对话框中单击"新建"按钮后，双击"曲面"后选择顶面，完成后单击"确定"按钮（图 5-76），编辑刀路参数并计算刀具路径（图 5-77 和图 5-78）。

图 5-75 新建工序

图 5-76 新建特征

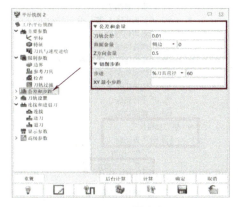

图 5-77 设置参数

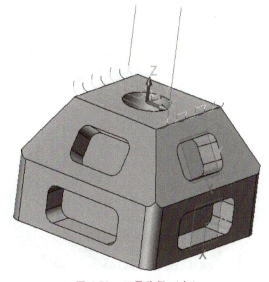

图 5-78 刀具路径（九）

10) D10 粗加工刀具路径——螺旋切削 3。创建工序"螺旋切削 3"，选择刀具为"D10 粗加工"（图 5-79），右击"特征"，选择"添加"命令，在弹出的对话框中单击"新建"按钮后，双击"轮廓"后选择顶面孔轮廓，完成后单击"确定"按钮（图5-80），编辑刀路参数并计算刀具路径（图5-81~图5-83）。

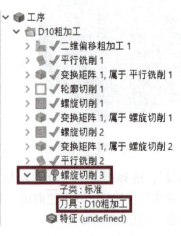

图 5-79　新建工序

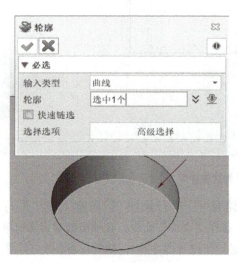

图 5-80　新建轮廓特征

自动编程
过程（4）—
10）~12）

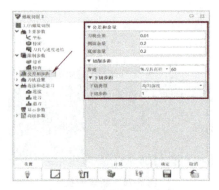

图 5-81　设置公差和步距

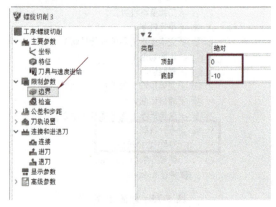

图 5-82　设置加工范围

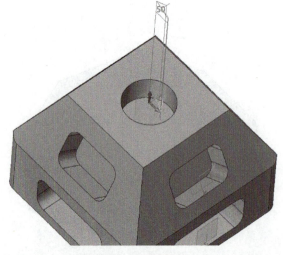

图 5-83　刀具路径（十）

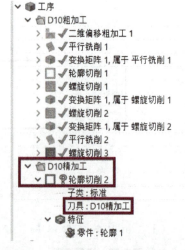

图 5-84　新建工序文件夹及复制刀路

11）D10精加工刀具路径——轮廓切削2。插入工序文件夹"D10精加工"，复制"D10粗加工"文件夹中的"轮廓切削1"到"D10精加工"文件夹中，将工序名改为"轮廓切削2"，选择刀具为

"D10精加工"（图5-84），右击"轮廓切削2"刀路，选择"编辑"命令，在弹出的对话框中设置参数（图5-85），单击"计算"按钮生成刀路（图5-86）。

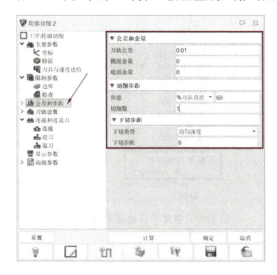

图5-85　修改切削参数

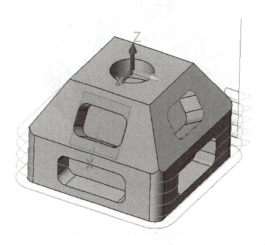

图5-86　精加工刀具路径（一）

12）D10精加工刀具路径——平行铣削3。复制"D10粗加工"文件夹中的"平行铣削2"到"D10精加工"文件夹中，将工序名改为"平行铣削3"，选择刀具为"D10精加工"（图5-87），右击刚刚创建的"平行铣削3"刀路，选择"编辑"命令，在弹出的对话框中设置参数（图5-88），单击"计算"按钮生成刀路（图5-89）。

图5-87　复制平行铣削刀路

图5-88　修改切削参数

13）D10精加工刀具路径——平行铣削4。

① 复制"D10粗加工"文件夹中的"平行铣削1"到"D10精加工"文件夹中，将工序名改为"平行铣削4"，选择刀具为"D10精加工"（图5-90），右击刚刚创建的"平行铣削4"刀路，选择"编辑"命令，在弹出的对话框中设置参数（图5-91），单击"计算"按钮生成刀路（图5-92）。

② 右击"平行铣削4"刀路，选择"转换"命令，在弹出的对话框中设置参数（图5-93），单击"计算"按钮生成刀路（图5-94）。

自动编程
过程（4）～
13）～15）

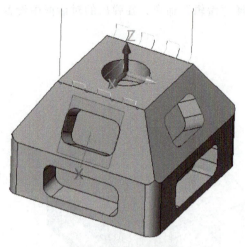

图 5-89 修改后刀具路径

图 5-90 复制平行铣削刀路

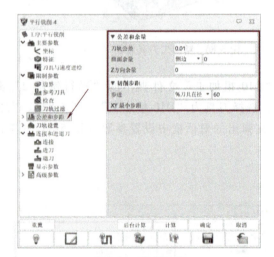

图 5-91 设置参数

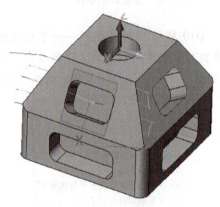

图 5-92 精加工刀具路径（二）

图 5-93 设置参数

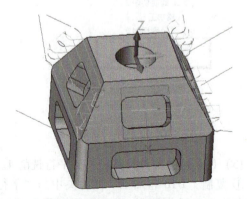

图 5-94 精加工刀具路径（三）

14）D6 精加工刀具路径——螺旋切削 4

新建"D6 精加工"工序文件夹，复制"D10 粗加工"文件夹中的"螺旋切削 3"到"D6 精加工"文件夹中，将工序名改为"螺旋切削 4"，选择刀具为"D6 精加工"（图 5-95），右击刚刚创建的"螺旋铣削 4" 刀路，选择"编辑"命令，在弹出的对话框中设置参数（图 5-96），单击"计算"按钮生成刀路（图 5-97）。

图 5-95 复制刀路

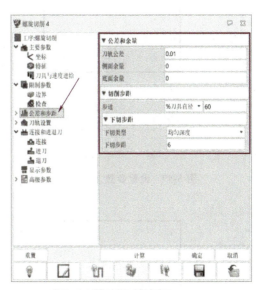

图 5-96 修改参数

图 5-97 修改后刀具路径

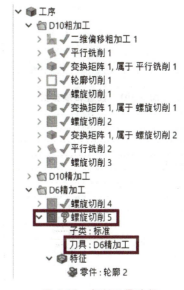

图 5-98 复制刀具路径

15）D6 精加工刀具路径——螺旋切削 5。

① 复制"D10 粗加工"文件夹中的"螺旋切削 1"到"D6 精加工"文件夹中，将工序名改为"螺旋切削 5"，选择刀具为"D6 精加工"（图 5-98），右击刚刚创建的"螺旋切削 5"刀路，选择"编辑"命令，在弹出的对话框中设置参数（图 5-99），单击"计算"按钮生成刀路（图 5-100）。

② 右击"螺旋切削 5"刀路，选择"转换"命令，在弹出的对话框中设置参数（图 5-101），单击"计算"按钮生成刀路（图 5-102）。

16）D6 精加工刀具路径——螺旋切削 6。

复制"D10 粗加工"文件夹中的"螺旋切削 2"到"D6 精加工"文件夹中，将工序名改为"螺旋切削 6"，选择刀具为"D6 精加工"（图 5-103），右击刚刚创建的"螺旋切削 6"刀路，选择"编辑"命令，在弹出的对话框中设置参数（图 5-104），单击"计算"按钮生成刀路（图 5-105）。

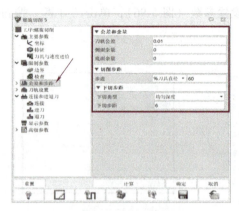

图 5-99 设置参数

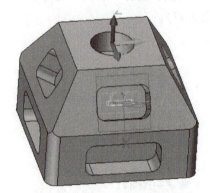

图 5-100 精加工刀具路径（四）

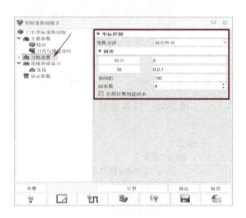

图 5-101 设置转换参数

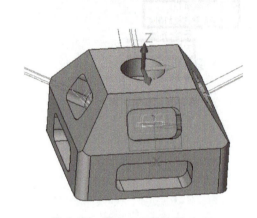

图 5-102 精加工刀具路径（五）

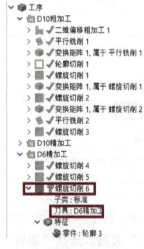

图 5-103 复制刀路

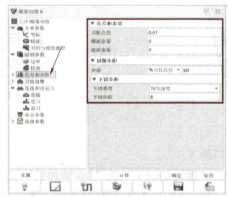

图 5-104 修改切削参数

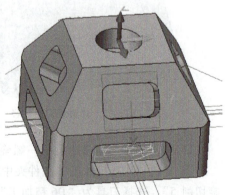

图 5-105 精加工刀具路径（六）

（5）后处理

1）"类别"选择"五轴机械设备"，"后置处理器配置"选择"ZW_FANUC_5X"，单击"确定"按钮（图 5-106）。

2）修改程序名称，添加工序（图 5-107）。

3）输出加工程序。

4）查看加工程序代码（图 5-108）。

自动编程
过程（5）

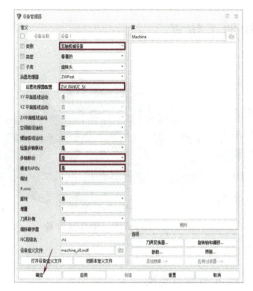

图 5-106　后处理文件

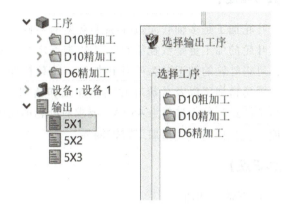

图 5-107　修改加工程序名称，添加工序

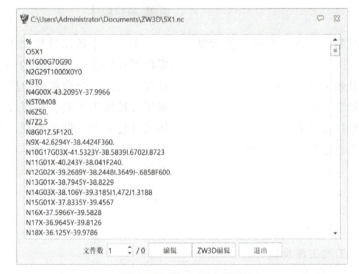

图 5-108　加工程序代码

【课后拓展训练】

依照所学填写工序卡片，并按照工艺安排，使用中望 3D 软件完成图 5-109 所示零件的程序编制。

图 5-109　拓展题

学习任务5.2　叶轮加工仿真　◀◀◀

【任务描述】

叶轮加工是多轴联动数控加工常见的实例之一，特别是整体式叶轮的加工更是数控编程加工的难点之一。根据叶轮的形状，可将叶轮的加工分为叶片粗加工、轮毂精加工、叶片精加工、圆角精加工以及分流叶片的粗加工和精加工。图5-110所示为整体式叶轮，材料为45钢，要求对叶轮的轮毂和叶片进行粗加工、半精加工、精加工数控编程。

图5-110　整体式叶轮

【知识点】

- 五轴联动加工。
- 五轴引导面等值线切削。
- 五轴侧刃切削。
- 五轴流线切削。

【技能点】

- 分析零件的形状特征、加工精度、技术要求等信息。
- 确定毛坯类型及装夹方式。
- 确定多轴数控加工工序。
- 选取合适的五轴加工设备。
- 生成数控加工工艺过程卡及工序卡。

【素养目标】

培养学生运用数控加工工艺知识，准确把握零件图样要求，对零件的加工环境进行设置，制订加工工序，合理使用中望3D软件CAM功能中常用五轴加工工具，按照设定的工艺流程完成整体式叶轮轮毂、叶片的粗、半精、精加工数控加工编程，输出工艺报表，培养学生独立思考、善于创新的职业素养，能综合运用专业知识解决实际问题的职业能力。

【课前预习】

1. 用于五轴联动加工的工序类型

中望3D软件CAM功能提供"平面平行""侧刃""驱动线切削""交互式切削""流线""分层""引导面等值线"五轴铣削工序类型用来对零件的曲面区域进行加工，如图5-111所示。这些工序类型通过控制刀轴方向、投影矢量、驱动面，用从一个表面到另一个表面的连续切削方式加工零件轮廓，可以加工非常复杂的零件，为四轴和五轴加工中心提供了一种高效的、强大的编程功能，使CAM程序员能够实现从简单零件到复杂零件的加工，是多轴加工常用的方法。

2. 五轴引导面等值线切削加工工序

五轴引导面等值线切削加工工序用于单个叶片顶面铣削粗加工，生成与指定引导面等距的刀具轨迹。引导面等值线切削加工工序应选择加工曲面和驱动曲面，将加工曲面作为切削目标，驱动曲面作为引导面，控制刀轴沿其等值线的法线方向。在"切削驱动面"列表框中选择"是"选项，驱动

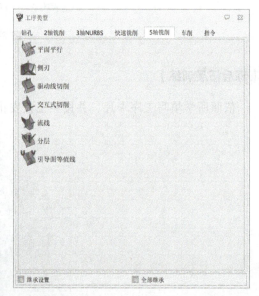

图5-111　中望3D软件CAM功能中用于
五轴联动加工的工序类型

面将作为加工曲面；如果选择"否"选项，驱动面将被忽略；"刀轨样式"有"单向"与"Z字型"两种类型；等值线方向有"U素线方向"和"V素线方向"两个选项；"切削方向"有"顺铣"和"逆铣"两个选项，如图 5-112 所示。图 5-113 所示为其刀路。

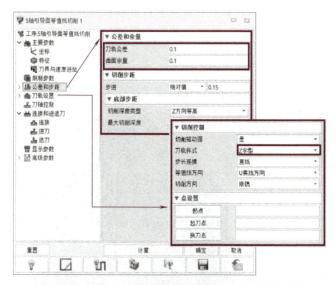

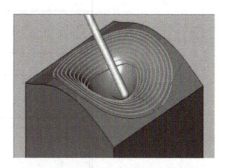

图 5-112　五轴引导面等值线切削加工工序的参数设置　　　图 5-113　五轴引导面等值切削刀路

3. 五轴侧刃切削加工工序

五轴侧刃切削加工工序使用以上控制曲面计算刀具轨迹。刀具轴由驱动曲面控制，该曲面与刀具的侧面保持接触。刀具底部的接触点由底部控制面控制，底部控制面与驱动曲面共同控制刀具的切削姿态。侧刃切削要求零件曲面选择的曲面特征与驱动曲面一样，否则特征将被忽略，并显示一条警告信息。可使用这种切削加工工序，作为五轴流线切削工序的参考工序。参数设置如图 5-114 所示。五轴侧刃切削刀路如图 5-115 所示。

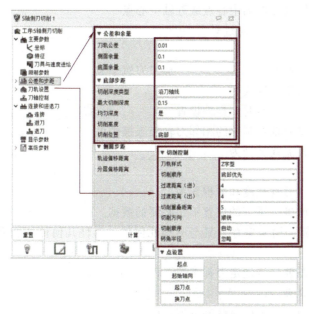

图 5-114　五轴侧刃切削加工工序的参数设置　　　图 5-115　五轴侧刃切削刀路

4. 五轴流线切削加工工序

五轴流线切削加工工序需要五轴侧刃切削和五轴驱动线切削作为两个不同的切削参考工序，这两种切削将用作流线。侧刃切削或驱动线切削也可以有多种深度。中望 3D 软件 CAM 功能的流线切削需要参加两条底层切削路径，并参考其起点位置。流线切削由两条流线间的插值生成，两条流线可为两个倾斜壁（如涡轮叶片）。有四种流动类型可供选择，包括纵向、横向、螺旋向内和螺旋向外。轨迹形式可以是 Z 字形或单向。支持的 CAM 特征包括要加工的零件或曲面。目前，CAM 轮廓特征不能用作流线（图 5-116 和图 5-117）。

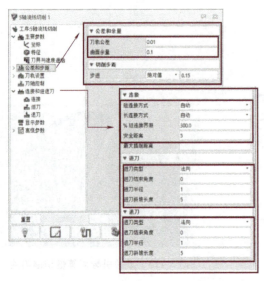

图 5-116　五轴流线切削加工工序的参数设置

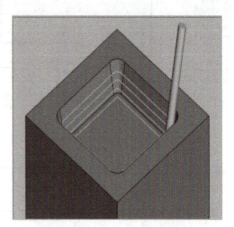

图 5-117　五轴流线切削刀路

【任务实施】

1. 预习效果检查

（1）填空题

1）使用双转台五轴机床，首先要准确获得工件在机床（工作台）上的＿＿＿＿＿＿。

2）为了简化工件找正、对刀等操作，最好设在四轴中心点或五轴中心点＿＿＿＿＿＿。

3）中望 3D 软件 CAM 功能使用不同的工序类型，通过对＿＿＿＿＿＿、＿＿＿＿＿＿、＿＿＿＿＿＿的控制，可以加工非常复杂的零件。

4）五轴引导面等值线切削加工工序用于零件的＿＿＿＿＿＿加工刀轨生成。

5）创建五轴引导面等值线切削加工工序刀轨设置成＿＿＿＿＿＿。

6）使用五轴引导面等值线切削加工工序转换刀路时，参数设置＿＿＿＿，选择＿＿＿＿。

7）使用五轴侧刃切削工序加工叶片时，将刀轴控制中的相邻刀轴极限摆角设为＿＿＿＿。

8）使用五轴流线切削工序进行刀轨设置，流线类型为＿＿＿＿＿＿。

（2）判断题

1）使用双转台五轴机床进行加工操作时，刀具长度和编程无关。（　　）

2）定制后处理时，测量四轴中心点在机床坐标系下的位置不是必要的数据。（　　）

3）可以使用中望 3D 软件的刀轴控制功能，用来保存刀具与驱动几何体、零件几何体的相对位置，已达到复杂零件加工的目的。（　　）

4）在五轴加工中，一般采用相对刀长，需要自行设定刀补参数。（　　）

5）对于支架类零件则采用专用工装进行装夹。（　　）

6）五轴引导面等值线切削加工工序的进刀方式可以是螺旋进刀。（　　）

7）五轴侧刃切削加工工序不能对陡峭面进行精加工。（　　）

8）五轴流线切削加工工序可以对陡峭面和平坦面进行精加工。（　　）

9）在五轴流线切削加工工序设置刀轨时，流线方式为单向。（　　）

10）选择圆形阵列时，可以通过修改副本数，生成想要的刀轨数量。（　　）

2. 零件工艺分析

（1）**零件工艺分析**（参考）　图 5-110 所示为整体式叶轮，需要进行轮毂和叶片的加工。毛坯为圆柱形，因此可以考虑使用自定心卡盘进行装夹。叶片的位置精度和形状尺寸要求较高。

（2）**零件工艺分析**（学生）　分析整体式叶轮的模型，将分析结果填入表 5-6。

表 5-6　整体式叶轮工艺分析

序号	项目	分析结果
1	叶轮上部圆轴的粗加工	
2	叶轮轮廓的粗加工	
3	叶轮轮毂的粗加工	
4	叶轮叶片的粗加工	
5	叶轮轮毂的精加工	
6	叶片两面的精加工	
教师评价		

3. 工艺方案设计

（1）**工艺方案**（参考）　根据整体式叶轮的加工要求，设计加工工艺方案（表 5-7）。

表 5-7　整体式叶轮加工工艺方案

序号	工序名称	工序内容
1	二维偏移粗加工 1	使用 ϕ10R0.5mm 的铣刀进行叶片上轮廓开粗
2	轮廓切削加工 1	使用 ϕ10R0.5mm 的铣刀进行叶片整体轮廓开粗
3	二维偏移粗加工 2	使用 ϕ3R1.5mm 的铣刀进行底部外轮廓铣削粗加工
4	二维偏移粗加工 3	使用 ϕ3R1.5mm 的铣刀进行叶片上凸脚铣削粗加工
5	变换矩阵 1，属于二维偏移粗加工	使用 ϕ3R1.5mm 的铣刀进行叶片侧壁铣削粗加工
6	等高线切削加工 1	使用 ϕ3R1.5mm 的铣刀进行叶轮上凸台铣削粗加工
7	五轴引导面等值线切削加工 1	使用 ϕ3R1.5mm 的铣刀进行单个叶片顶面铣削粗加工
8	变换矩阵 2，属于五轴引导面等值线切削加工 1	基于上一道工序变换矩阵，铣削加工所有叶片上顶面
9	五轴侧刃切削加工 1	使用 ϕ3R1.5mm 的铣刀确认单个叶片轮廓铣削加工程序
10	变换矩阵 3，属于五轴侧刃切削加工 1	基于上一道工序变换矩阵，铣削加工叶片轮廓
11	五轴侧刃切削加工 2	使用 ϕ3R1.5mm 的铣刀进行叶片底边轮廓铣削加工
12	变换矩阵 1，属于五轴侧刃切削加工 3	基于上一道工序变换矩阵，铣削加工叶片底边轮廓
13	五轴流线切削加工 1	使用 ϕ3R1.5mm 的铣刀确认两叶片间底面铣削程序
14	变换矩阵 4，属于五轴流线切削加工 1	基于上一道工序变换矩阵，铣削加工所有两叶片间底面
15	轮廓切削加工 2	使用 ϕ10R0.5mm 的铣刀进行外轮廓铣削精加工
16	等高线切削加工 2	使用 ϕ3R1.5mm 的铣刀进行叶轮凸台铣削精加工
17	五轴引导面等值线切削加工 2	使用 ϕ3R1.5mm 的铣刀进行单个叶片顶面铣削精加工
18	变换矩阵 1，属于五轴引导面等值线切削加工 3	使用 ϕ3R1.5mm 的铣刀进行所以页面顶面精加工
19	五轴侧刃切削加工 3	使用 ϕ3R1.5mm 的铣刀进行单个叶片顶面铣削精加工
20	变换矩阵 1，属于五轴侧刃切削加工 4	基于上一道工序变换矩阵，铣削加工所有叶片上顶面
21	五轴流线切削加工 2	使用 ϕ3R1.5mm 的铣刀进行两叶片间底面铣削精加工
22	变换矩阵 1，属于五轴流线切削加工 3	基于上一道工序变换矩阵，铣削加工所有两叶片间底面

（2）工艺方案设计（学生）　根据对叶轮的分析，参照表 5-7 所列工艺方案，填写表 5-8。

表 5-8　整体式叶轮加工工艺方案（学生）

序号	结构	工艺方案
1		
2		
3		
4		
考评结论		

4. 自动编程过程实施

（1）设置安全高度及毛坯　在绘图区空白处右击进入加工方案，设置"加工安全高度"为 40mm，勾选"自动防碰"复选框，如图 5-118 所示。单击右上角加工系统中"添加坯料"按钮，弹出图 5-119 所示对话框，选择圆柱体，轴线选择 Z 轴，毛坯料半径设置为 42mm，长度为 30mm（图 5-119）。

叶轮自动编程过程（1）、（2）

图 5-118　设置安全高度

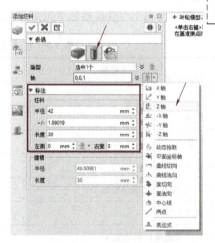

图 5-119　"添加坯料"对话框

（2）创建刀具

根据整体式叶轮加工工序卡可知，加工整体式叶轮共需要两把刀具，分别为 D10R0.5 及 D3R1.5，具体刀具参数见表 5-9。

表 5-9　刀具参数表

名称	类型	子类	刀具长度/mm	刀刃长度/mm	半径/mm	刀体直径/mm
D10R0.5	铣刀	端铣刀	40	25	0.5	10
D3R1.5	铣刀	端铣刀	22	20	1.5	3

（3）创建刀具路径

1）轮廓粗加工—二维偏移粗加工 1。

右击管理器中的"工序"，创建工序文件夹，将文件夹命名为"轮廓粗加工"，创建"二维偏移粗加工 1"刀路，选择"D10R0.5"刀具（图 5-120）。修改"公差和步距"，设置"刀轨公差"为"0.01"，"曲面余量"为"0.5"，"Z 方向余量"为"0.5"，"下切步距"为"0.5"（图 5-121）。

单击"边界"，设置"底部"为"-20"。（图 5-122），在"刀轨设置"中将"周边转角"改为"2"，单击"确定"按钮（图 5-123）。

叶轮自动编程过程（3）-1)、2)

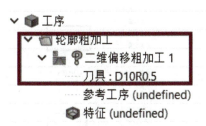

图 5-120　二维偏移粗加工 1 选择刀具

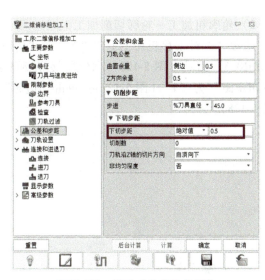

图 5-121　修改"公差和步距"

图 5-122　设置"底部"

图 5-123　设置"刀轨设置"

单击"特征"添加特征（图 5-124）并进行计算，生成刀路（图 5-125）。

图 5-124　添加特征

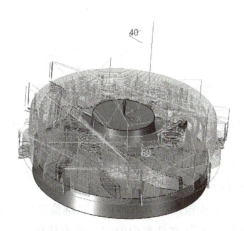

图 5-125　二维偏移粗加工 1 刀路

2）轮廓粗加工—轮廓切削加工1。

隐藏"二维偏移粗加工1"刀路，在"轮廓粗加工"文件夹中创建"轮廓切削加工1"刀路，选择"D10R0.5"刀具（图5-126）。修改"公差和步距"，设置"侧面余量"和"底面余量"均为"0.2"，"下切步距"为"1"（图5-127）。单击"边界"，设置"顶部"和"底部"分别为"-13"和"-31"（图5-128）。

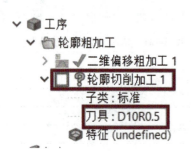

图5-126　轮廓铣削加工1选择刀具　　　　　图5-127　设置加工余量及下切步距

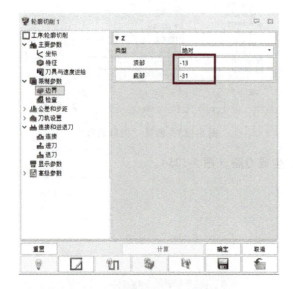

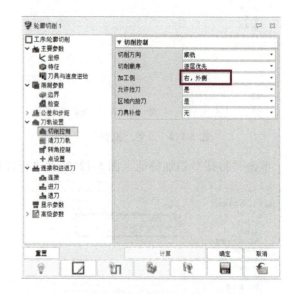

图5-128　轮廓切削加工1设置边界　　　　　图5-129　设置"加工侧"

单击"切削控制"，设置"加工侧"为"右，外侧"（图5-129）。单击"连接和进退刀"，设置"进刀方式"为"圆弧线性"，"进刀长度1"与"进刀圆弧半径"为"2"，"退刀圆弧半径"为"2"（图5-130）。添加特征，新建轮廓特征，选择图5-131所示圆弧。进行计算，生成刀路（图5-132）。

3）叶片粗加工刀具路径—二维偏移粗加工2。插入工序文件夹，并命名为"叶片粗加工"，复制"轮廓粗加工"文件夹中的"二维偏移粗加工1"程序至"叶片粗加工"文件夹中，进行叶片开粗。选

图 5-130　设置进退刀参数

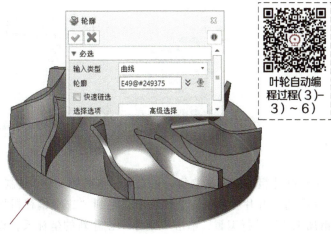

图 5-131　添加圆弧为轮廓特征

择"D3R1.5"刀具（图 5-133）。单击"公差和步距"，设置"%刀具直径"为"25"，"下切步距"为"0.2"（图 5-134）。单击"参考工序"选择"二维偏移粗加工 1"（图 5-135），进行计算，生成刀路（图 5-136）。

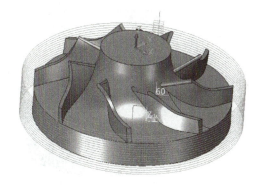

图 5-132　生成轮廓切削加工 1 刀路

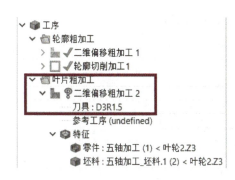

图 5-133　叶片粗加工—二维偏移粗加工 2

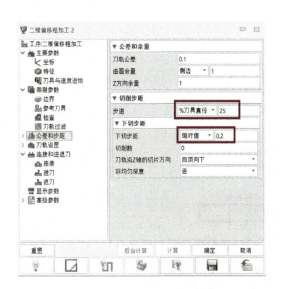

图 5-134　设置叶片粗加工参数

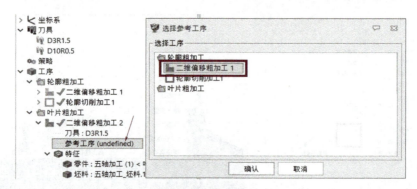

图 5-135　设置参考工序

4）叶片粗加工刀具路径——二维偏移粗加工 3。复制"叶片粗加工"文件夹中的"二维偏移粗加工 2"程序到"叶片粗加工"文件夹中，得到"二维偏移粗加工 3"（图 5-137），对刚刚生成的"二维偏移粗加工 3"进行编辑，单击"坐标"创建新的坐标系，设置"安全高度"为"60"，"自动防碰"为"10"，单击"创建基准面"按钮（图 5-138），在弹出的对话框中设置基准面参数，选择视图平面，原点设置如图 5-139 所示。

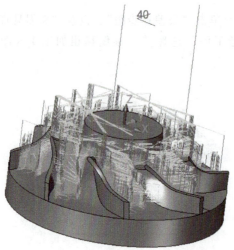

图 5-136　二维偏移粗加工 2 刀路

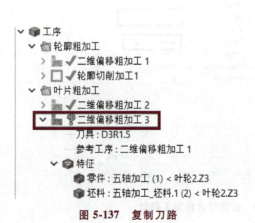

图 5-137　复制刀路

图 5-138　设置坐标系

单击"边界"将"Z"选项区域中的"底部"设置为"0"，添加特征，如图 5-140 所示，新建轮廓特征，选择图 5-141 所示的叶轮边界，参考工序设为"二维偏移粗加工 2"（图 5-142），计算后得到图 5-143 的刀路。修剪刀路，右击"二维偏移粗加工 3"选择"编辑刀轨"里的"修剪命令"，将多余的空刀路修剪掉，生成图 5-144 所示的刀具路径。

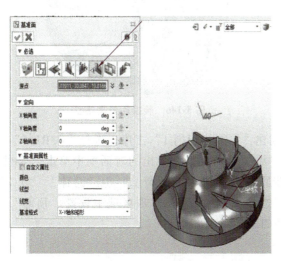

图 5-139　基准面设置

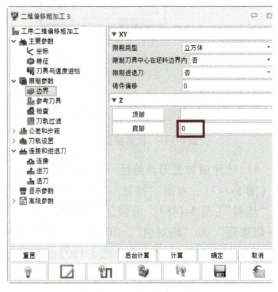

图 5-140　设置底部边界

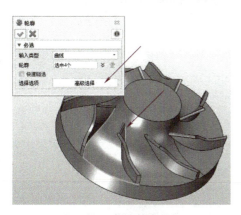

图 5-141　新建轮廓特征

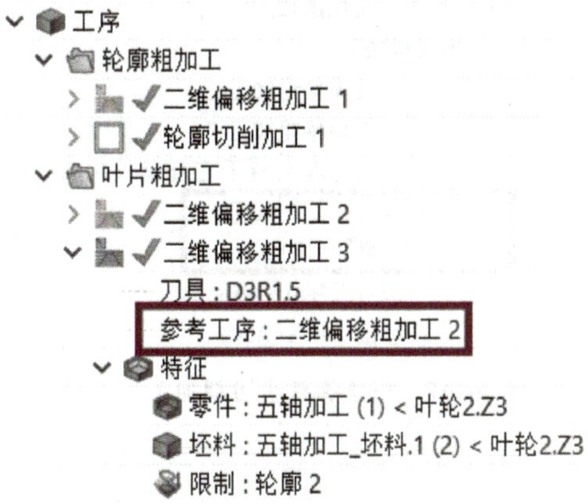

图 5-142　设置参考工序

图 5-143　修剪前的刀具路径

图 5-144　修剪后的刀具路径

5）叶片粗加工刀具路径——变换矩阵 1（二维偏移粗加工）。转换刚刚生成的"二维偏移粗加工 3"刀路，设置工序转换参数，将"刀轨设置"中的"变换方法"设置为"圆形阵列"，"原点"为

"0"，"轴"为 Z 轴（0，0，1），"副本数"为"8"（图 5-145），计算生成刀路（图 5-146）。

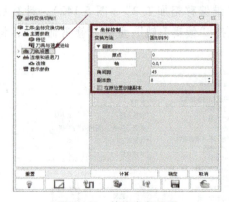

图 5-145　转换参数设置

图 5-146　转换后刀具路径

6）叶片粗加工刀具路径——等高线切削加工 1。创建"等高线切削 1"工序，选择"D3R1.5"刀具（图 5-147），右击"特征"，在弹出的菜单中选择"添加"命令，在弹出的对话框中单击"零件"和"坯料"（图 5-148），编辑工序参数，在"公差和步距"中设置"曲面余量"为"总体""0.1"，"下切步距"为"绝对值""0.15"（图 5-149），在"边界"中的"Z"选项区域中设置"顶部"为"-0.2"，"底部"为"-8"（图 5-150）。生成刀具路径如图 5-151 所示。

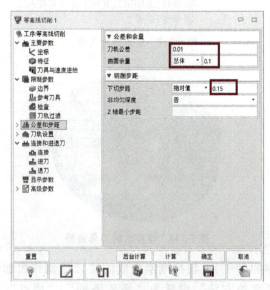

图 5-147　新建等高线切削加工 1 工序

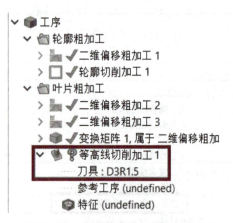

图 5-148　添加特征

图 5-149　设置公差和步距

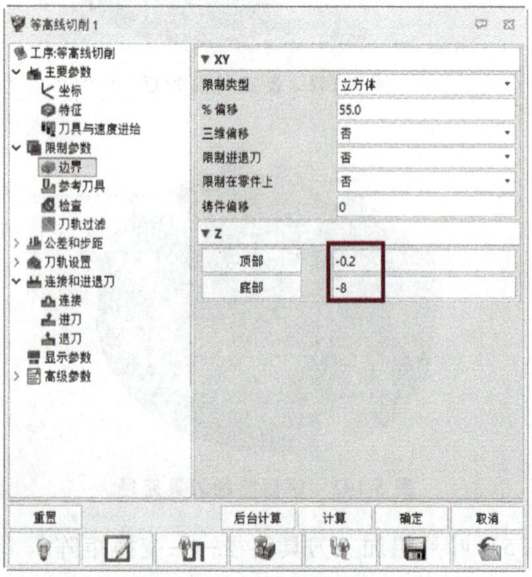

图 5-150　设置 Z 向边界

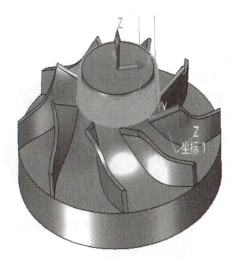

图 5-151　等高切削刀具路径

图 5-152　创建曲面特征

7）叶片粗加工刀具路径——五轴引导面等值线切削加工 1。创建工序"五轴引导面等值线切削加工 1"，选择"D3R1.5"刀具，右击刚创建的"五轴引导面等值线切削加工 1"工序，单击"编辑"设置参数，右击"特征"，选择"添加"命令，在弹出的对话框中选择"曲面"并单击图 5-152 所示曲面，在"公差和步距"中设置"曲面余量"为"0.1"，"步进"为"0.15"（图 5-153），单击"刀轨设置"，将"刀轨样式"设置为"Z 字型"（图 5-154），计算刀路，结果如图 5-155 所示。

叶轮自动编程过程（3）-7）~10）

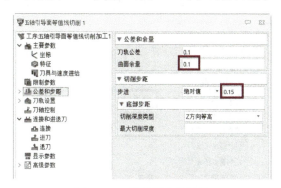

图 5-153　公差和余量设置

图 5-154　刀轨设置

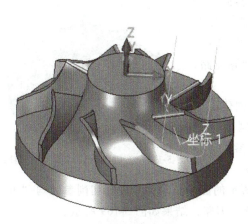

图 5-155　五轴引导面等值线切削加工 1 刀具路径

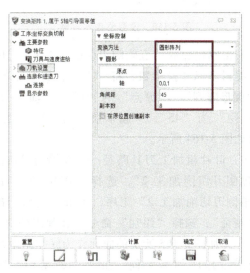

图 5-156　设置坐标变换切削参数

右击刚创建的"五轴引导面等值线切削加工 1"工序，选择"转换"命令，设置坐标变换切削参数，如图 5-156 所示，计算刀路，结果如图 5-157。

8）叶片粗加工刀具路径——五轴侧刃切削加工 1。创建工序"五轴侧刃切削加工 1"，选择"D3R1.5"刀具，右击刚创建的"五轴侧刃切削加工 1"工序，选择"编辑"命令并设置参数，右击"特征"，选择"添加"命令，在弹出的对话框中选择"曲面"命令，并选择图 5-158 所示的曲面作为底控制面，图 5-159 所示的面为驱动面。设置"侧面余量"和"底面余量"为"0.1"，"最大切削深度"为"0.15"（图 5-160），单击"刀轨设置"，将"刀轨样式"设置为"Z 字型"（图 5-161），计算刀路，结果如图 5-162 所示。

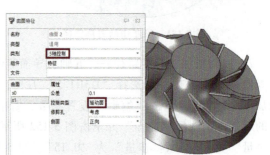

图 5-157　坐标变换刀具路径

图 5-158　添加底控制面

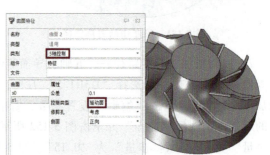

图 5-159　添加驱动面

图 5-160　设置公差和余量

图 5-161　设置刀轨样式

右击刚创建的"五轴侧刃切削加工 1"工序，选择"转换"命令，编辑坐标变换参数，将"刀轨设置"中的"变换方法"设置为"圆形阵列"，"原点"为"0"，"轴"为 Z 轴（0，0，1）"，"角间距"为"45"，"副本数"为"8"（图 5-163），计算刀路，结果如图 5-164 所示。

9）叶片粗加工刀具路径——五轴侧刃切削加工 2。创建工序"五轴侧刃切削加工 2"，选择"D3R1.5"刀具，右击刚创建的"五轴侧刃切削加工 2"工序，单击"编辑"按钮并设置参数，右击"特征"，选择"添加"命令，在弹出的对话框中选择"曲面"命令，添加图 5-165 所示的曲面作为底控制面，图 5-166 所示的面为驱动面。设置切削参数与"五轴侧刃切削加工 1"工序相同，如图 5-167 和图 5-168 所示，计算刀路，结果如图 5-169 所示。

图 5-162　五轴侧刃切削加工 1 刀具路径

图 5-163　坐标变换参数

图 5-164　坐标变换刀具路径

图 5-165　添加底控制面

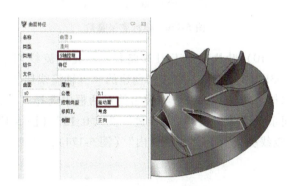

图 5-166　添加驱动面

图 5-167　设置公差和余量

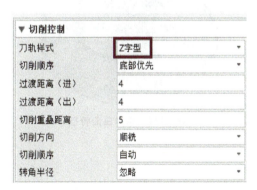

图 5-168　设置刀轨样式

图 5-169　五轴侧刃切削加工 2 刀具路径

　　右击刚创建的"五轴侧刃切削加工 2"工序，选择"转换"命令，转换参数同"五轴侧刃切削加工 1"工序（图 5-170），计算刀路，结果如图 5-171 所示。

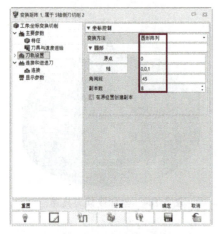

图 5-170　坐标变换参数

图 5-171　坐标变换切削刀具路径

10）叶片粗加工刀具路径——五轴流线切削加工 1。创建工序"五轴流线切削加工 1"，选择"D3R1.5"刀具，右击刚创建的"五轴流线切削加工 1"，选择"编辑"命令设置参数，右击"特征"，选择"添加"命令，在弹出的对话框中选择"曲面"命令，添加图 5-172 所示的曲面特征，设置"曲面余量"为"0.1"，"步进"为"0.15"（图 5-173），单击切削控制，设置"流线方式"为"单向"，"流线类型"为"螺旋向内"（图 5-174），计算刀路，结果如图 5-175 所示。

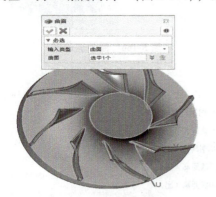

图 5-172　添加曲面特征

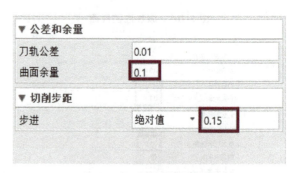

图 5-173　余量和步进设置

图 5-174　设置切削控制

图 5-175　五轴流线切削加工 1 刀具路径

右击刚创建的"五轴流线切削加工 1"工序，选择"转换"命令，设置变换参数（图 5-176），计算刀路，结果如图 5-177 所示。

11）轮廓精加工刀具路径—轮廓切削加工 2。右击管理器中的"工序"创建工序文件夹，将文件夹命名为"轮廓精加工"；复制"轮廓粗加工"中的"轮廓切削加工 1"到"轮廓精加工"文件夹中（图 5-178），右击刚创建的"轮廓切削加工 2"工序，选择"编辑"命令并设置参数，设置"侧面余量"和"底面余量"均为"0"，"下切

叶轮自动
编程过程
（3）-11）~
15）

步距"为"0.5"（图5-179），计算刀路，结果如图5-180所示。

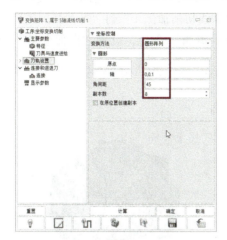

图 5-176 坐标变换参数

图 5-177 坐标变换切削刀具路径

图 5-178 复制刀路

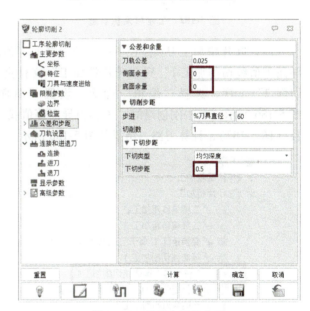

图 5-179 设置余量及步距

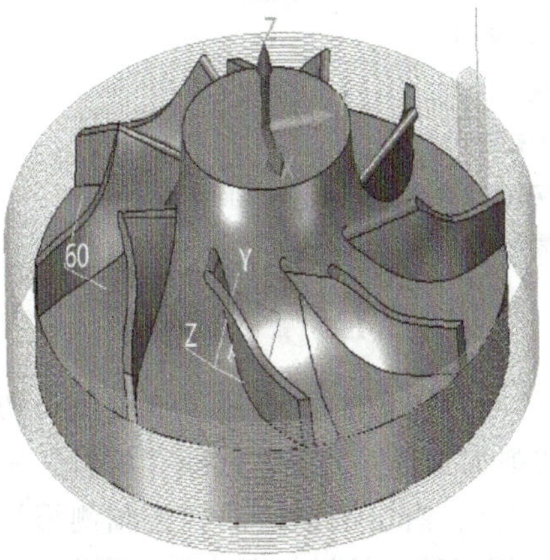

图 5-180 轮廓切削加工 2 刀具路径

图 5-181 复制等高线切削刀路

12）叶片精加工刀具路径——等高线切削加工2。右击管理器中的"工序"创建工序文件夹，将文件夹命名为"叶片精加工"；复制"叶片粗加工"中的"等高线切削加工1"到"叶片精加工"文件夹中（图5-181），右击刚创建的"等高线切削加工2"，选择"编辑"命令，设置"曲面余量"为"总体""0"（图5-182），计算刀路，结果如图5-183所示。

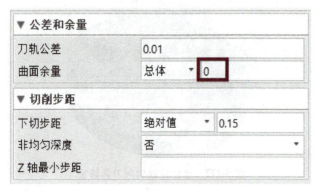

图5-182 公差和余量设置

图5-183 等高线切削加工2刀具路径

13）叶片精加工刀具路径——五轴引导面等值线切削加工2。复制"叶片粗加工"中的"五轴引导面等值线切削加工1"到"叶片精加工"文件夹中（图5-184），右击刚创建的"五轴引导面等值线切削2"工序，选择"编辑"命令，设置"曲面余量"为"0"（图5-185），计算刀路，结果如图5-186所示。右击刚创建的"五轴引导面等值线切削加工2"工序，选择"转换"命令，设置变换参数（图5-187），计算刀路，结果如图5-188所示。

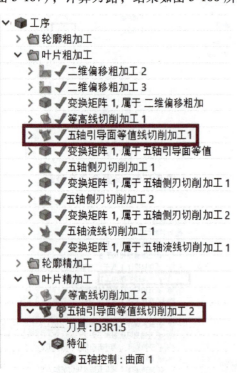

图5-184 复制刀路

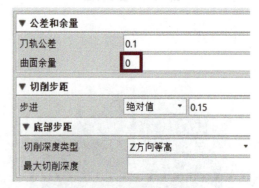

图5-185 修改余量参数

14）叶片精加工刀具路径—五轴侧刃切削加工3。复制"叶片粗加工"中的"五轴侧刃切削加工2"到"叶片精加工"文件夹中，右击刚创建的"五轴侧刃切削加工3"工序，选择"编辑"命令，设置"侧面余量"和"底面余量"为"0"（图5-189），计算刀路，右击刚创建的"五轴侧刃切削加工3"工序，选择"转换"命令，设置变换参数（图5-187），计算刀路，结果如图5-190所示。

图 5-186　精加工引导面刀路

图 5-187　坐标变换参数

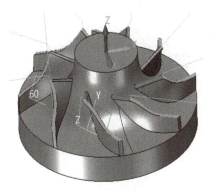

图 5-188　变换后的刀路

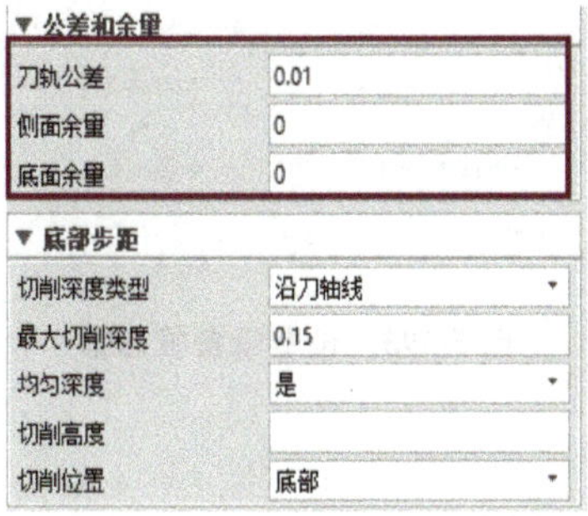

图 5-189　五轴侧刃切削精加工参数

图 5-190　变换后刀具路径

15）叶片精加工刀具路径—五轴流线切削加工 2。复制"叶片粗加工"中的"五轴流线切削加工1"工序，右击刚创建的"五轴流线切削加工 2"工序，选择"编辑"命令，设置"曲面余量"为"0"（图 5-191），计算刀路，右击刚创建的"五轴流线切削加工 2"工序，选择"转换"命令，设置变换参数（图 5-176），计算刀路，结果如图 5-192 所示。

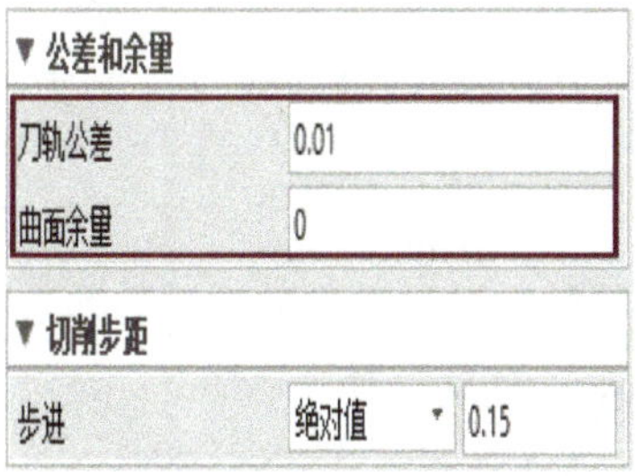

图 5-191　公差和余量设置

图 5-192　刀具路径

（4）后处理

1）设置设备管理器。

"类别"选择"五轴机械设备"，"后置处理器配置"选择"ZW_FANUC_5X"如图 5-193 所示。

叶轮自动编程过程（4）

图 5-193　设置设备管理器

2）插入加工程序。

① 修改加工程序名称，添加工序（图 5-194）。

图 5-194　修改加工程序名称，添加工序

② 输出加工程序。

③ 查看加工程序代码（图 5-195）。

图 5-195　加工程序代码

【课后拓展训练】

对图 5-196 所示零件进行工艺分析，并编制工艺卡片，利用中望 3D 软件完成该零件的程序编制。

图 5-196　拓展训练任务模型

附　录

满分：100 分

※ ※

考试须知：

1. 请依据提供的图样和模型进行作答，共分为 七个工作任务 。

2. 请仔细阅读任务要求，正确命名、保存及提交作品 。

3. 任务提供的模型文件请 在"给定数据"中下载 。

任务一：参数化产品设计（20 分）

根据附图 1 所示工程图样，通过参数化控制 $\phi14$mm 与 M4 螺纹孔之间的距离 a，可以使型号为 1# 的支座转变成型号为 2# 的支座零件（见参数栏数值）。

具体要求如下。

1）零件的造型特征须完整。

2）零件的造型尺寸正确。

3）保留参数化建模过程。

4）建模文件以"支座"命令，保存格式为源文件（即所用建模软件的默认格式）。

提交作品 ："支座 "的零件三维模型（源文件格式）。

任务二：设计 、创新优化（20 分）

1）判断"减速曲柄传动机构"存在的不合理之处，对素材中给定的相关零件结构进行优化设计，可以适当添加必要零件（标准件、非标准件均可）。

2）根据任务一建模成果、给定数据及运动机构，设计一个结构合理的"输入轴"零件。

3）已知从动齿轮的基本参数：$m=2$、$z=36$、$\alpha=20°$、$B=8$mm、传动机构比 $i=3:1$，自行调用主动齿轮。

4）要求：齿轮与轴用键连接 ，设计标准件"键"，实现装配连接的要求（连接需合理），也可从设计软件中标准件库中调用。

5）对设计的输入轴模型 以"轴入轴"命名，优化后的零件模型以"×××优化""×××添加"等命

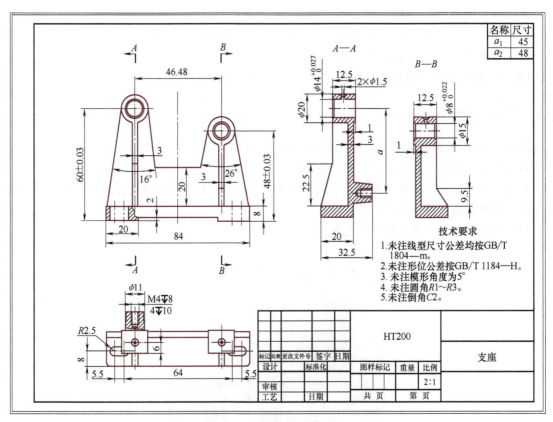

名称	尺寸
a_1	45
a_2	48

技术要求
1. 未注线型尺寸公差均按GB/T 1804—m。
2. 未注形位公差按GB/T 1184—H。
3. 未注模形角度为5°。
4. 未注圆角R1～R3。
5. 未注倒角C2。

HT200

支座

2:1

附图1

名，保存格式为源文件（即所用建模软件的默认格式）。

提交作品："输入轴""主动齿轮""键""×××优化""×××添加"的零件三维模型（源文件）。

任务三：减速曲柄传动机构装配（10分）

根据给定的减速曲柄传动机构的素材数据，结合任务一"支座"的零件模型、任务二中设计的"输入轴""×××优化""×××添加"的零件模型，使用现场提供的绘图软件进行机构装配，具体要求如下。

1）装配关系正确。

2）零件间约束性质正确。

3）零件极限位置约束准确，不得发生干涉。

4）三维装配以"机构装配"命令，保存格式为源文件（即所用建模软件的默认格式）。

提交作品："机构装配"的三维装配（源文件）。

任务四：运动仿真动画（10分）

根据任务三完成的减速曲柄传动机构装配模型，制作机构运动仿真动画，具体要求如下。

零件装配完整、装配关系正确。装配组件须运动一个完整周期；活动部件须往复，输出动画总时间不得超过10s。以"仿真动画"命名，保存为.avi格式文件。

提交作品：创新设计后的机构运动仿真，"仿真动画".avi格式文件。

任务五：绘制机构装配图（20分）

根据任务三完成的减速曲柄传动机构装配模型，完成其二维装配图绘制，具体要求如下。

1）视图表达正确、完整、清晰、合理，应清楚表达四连杆机构的工作原理和装配关系。

2）装配图的图号为：ZB-00。

3）正确标注出五大类尺寸、引出零件序号、填写明细表及工作原理等。

4）以"装配图"命名，文件保存为 .dwg 格式。

提交作品：创新设计后的机构装配图"装配图" .dwg 格式文件。

任务六：CAE 受力分析（10 分）

根据附图 2 所示模型，对其结构进行受力分析，具体要求如下。

1）固定约束：结构件底部平面（参照附图 2）。

2）载荷：顶部凸台，垂直于表面向下的均布压力，总压力大小为 10N（参照附图 2）。

3）科学合理地进行网格划分。

4）材料为合金钢，主要参数属性见附表 1。

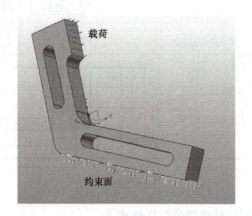

附图 2

附表 1

参数名称	具体数值	单位
弹性模量	2.1×10^{11}	N/m^2
泊松比	0.28	—
密度	7700	kg/m^3
抗拉强度	7.2×10^8	N/m^2
屈服强度	6.2×10^8	N/m^2

提交作品："任务六-金属结构件"受力分析后的文件（源文件格式）。

任务七：数控程序编制及仿真验证（10 分）

根据附图 3 所示模型，对指定的加工表面进行数控程序编制，具体要求如下。

1）整个加工过程一次装夹完成。

2）参照附图 3 加工面 1 和面 2，其中面 1 进行两个孔的扩孔加工，加工余量为 -0.1mm；面 2 进行平面的精加工，加工余量为 0mm。

3）程序编制要科学、合理，并且实体仿真验证正确。

4）选用 FANUC 数控机床后处理生成加工程序代码，命名为"数控加工"，保存为 .nc 格式文件。

提交作品："任务七-多轴加工"模型（程序编制完成后的源文件格式）、"任务七-多轴加工 .nc"文件。

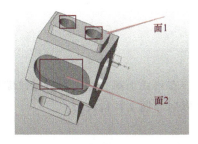

面1

面2

附图 3

机械产品三维模型设计职业技能证（高级）样卷（二） ◀◀◀

满分：100 分

※ ※

考试须知：

1. 请依据提供的图样和模型进行作答，共分为七个工作任务。

2. 请仔细阅读任务要求，正确命名、保存及提交作品。

3. 任务提供的模型文件请在"给定数据"中下载。

任务一：参数化产品设计（20 分）

根据附图 4 所示工程图样，通过参数化控制 $\phi22mm$ 与 $\phi12mm$ 孔之间距离，可以使型号为 1#的支座转变成型号为 2#的支座零件（见参数栏数值）。

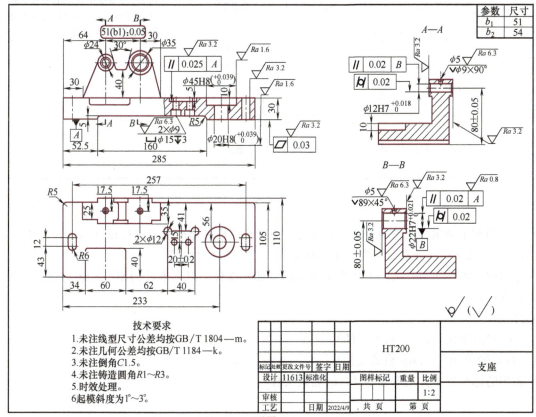

参数	尺寸
b_1	51
b_2	54

技术要求
1.未注线型尺寸公差均按GB/T 1804—m。
2.未注几何公差均按GB/T 1184—k。
3.未注倒角C1.5。
4.未注铸造圆角R1～R3。
5.时效处理。
6.起模斜度为1°～3°。

		更改文件号				HT200			支座	
标记	处数		签字	日期						
设计	11613	标准化			图样标记		重量	比例		
								1:2		
审核										
工艺		日期	2022/4/9		共 页		第 页			

附图 4

具体要求如下：

1）零件的造型特征须完整。

2）零件的造型尺寸正确。

3）保留参数化建模过程。

4）建模文件以"支座"命名，保存格式为源文件（即所用建模软件的默认格式）。

提交作品："支座"的零件三维模型（源文件格式）。

任务二：设计、创新优化（20分）

根据素材文件夹中素材资料，详细阅读附图5所示减速凸轮传动机构工作原理，对照零件列表，结合提供的零件工艺模型，完成下列任务。

示意图	工作原理
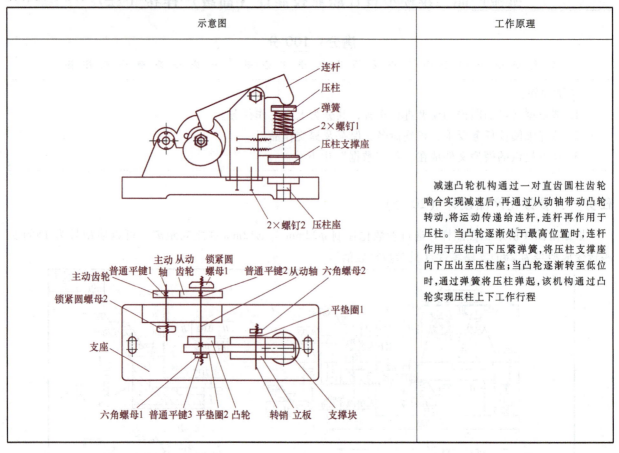	减速凸轮机构通过一对直齿圆柱齿轮啮合实现减速后，再通过从动轴带动凸轮转动，将运动传递给连杆，连杆再作用于压柱。当凸轮逐渐处于最高位置时，连杆作用于压柱向下压紧弹簧，将压柱支撑座向下压出至压柱座；当凸轮逐渐转至低位时，通过弹簧将压柱弹起，该机构通过凸轮实现压柱上下工作行程

附图5

1）分析判断主动轴、从动轴上缺少的结构，按照设计技术标准规定进行设计，能够保证减速凸轮机构运动轨迹正确平稳，分别命名为"主动轴-优化""从动轴-优化"。

2）仔细阅读零件明细表从标准件库中调用指定的标准件，以标准件的型号和名称命名，例如"n个-X型-标准件名称"。

提交作品：

1）"主动轴-优化"（.stp格式文件）。

2）"从动轴-优化"（.stp格式文件）。

3）调用的标准件零件三维模型（.stp格式文件）。

任务三：减速凸轮传动机构装配（10分）

根据给定的减速凸轮传动机构的素材数据，结合任务一和任务二全部零件模型，使用现场提供的绘图软件进行机构装配，具体要求如下。

1）装配关系正确。

2）零件间约束性质正确。

3）零件极限位置约束准确，不得发生干涉。

4）三维装配以"机构装配"命名，保存格式为源文件（即所用建模软件的默认格式）。

提交作品："机构装配"的三维装配（源文件）。

任务四：运动仿真动画（10分）

根据任务三完成的减速凸轮传动机构装配模型，制作机构运动仿真动画，具体要求如下。

零件装配完整、装配关系正确。装配组件须运动一个完整周期；活动部件须往复，输出动画总时间不得超过10s。以"仿真动画"命名，保存为.avi格式文件。

提交作品：减速凸轮传动机构运动仿真，"仿真动画".avi格式文件。

任务五：绘制机构装配图（20分）

根据任务三完成的减速凸轮转向传动机构装配模型，完成其二维装配图绘制，具体要求如下。

1）视图表达正确、完整、清晰、合理，应清楚表达四连杆机构的工作原理和装配关系。

2）装配图的图号为：ZB-00。

3）正确标注出五大类尺寸、引出零件序号，填写明细表及工作原理等。

4）以"装配图"命名，文件保存为DWG格式。

提交作品：创新设计后的机构装配图"装配图".dwg格式文件。

任务六：CAE受力分析（10分）

附图6所示的固定支架模型可知，底座固定在平台表面，顶部承受均布压力。现给定施加的均布压力大小为20N，请生成受力分析报告。

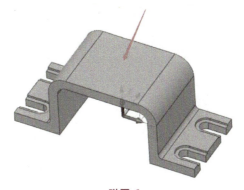

附图6

铝（6061）材料参数如下。

弹性模量：$6.89 \times 10^{10} \text{N/m}^2$

泊松比：0.35

密度：2710kg/m^3

屈服强度：$2.55\times10^{8}\,\mathrm{N/m^2}$

提交作品："铝制固定支架"受力分析后的文件（pdf 格式分析报告）。

任务七：数控程序编制及仿真验证（10分）

根据附图 7 所示模型，对指定的加工表面进行数控程序编制，具体要求如下。

1）整个加工过程一次装夹完成。

2）参照附图 7 加工面 1 和面 2，其中面 1 加工余量为−0.1mm；面 2 椭圆台的精加工余量为0mm。

3）程序编制要科学、合理，并且实体仿真验证正确。

4）选用 FANUC 数控机床后处理生成加工程序代码，命名为"数控加工"，保存为 .nc 格式文件。

提交作品："任务七−多轴加工"模型（程序编制完成后的源文件格式）、"任务七−多轴加工 .nc"文件。

附图 7

参 考 文 献

[1] 孙桓，葛文杰. 机械原理 [M]. 9版. 北京：高等教育出版社，2021.

[2] 濮良贵. 陈国定. 机械设计 [M]. 北京：高等教育出版社，2019.

[3] 梁振华. 汽车钣金基本工艺与设备 [M]. 北京：人民邮电出版社，2012.

[4] 程凯. 现代机械设计理论与方法 [M]. 哈尔滨：哈尔滨工业大学出版社，2019.

[5] 李强. 中望3D从入门到精通 [M]. 北京：电子工业出版社，2019.

[6] 高平生. 中望3D建模基础 [M]. 北京：机械工业出版社，2016.

[7] 贺琼义. 五轴加工中心操作与编程应用篇 [M]. 北京：中国劳动社会保障出版社，2017.

[8] 宋力春. 五轴数控加工技术实例解析 [M]. 北京：机械工业出版社，2018.

[9] 周云曦. 五轴数控加工编程、工艺及实训案例 [M]. 武汉：华中科技大学出版社，2017.